我爱科学

生物大世界

救救植物

JIUJIU
ZHIWU

主编◎邵丽鸥

吉林出版集团 吉林美术出版社 全国百佳图书出版单位

图书在版编目（CIP）数据

救救植物！ / 邵丽鸥编. —— 长春 ：吉林美术出版社，2014.1（生物大世界）
ISBN 978-7-5386-7797-3

Ⅰ．①救… Ⅱ．①邵… Ⅲ．①植物—青年读物②植物—少年读物 Ⅳ．①Q94-49

中国版本图书馆CIP数据核字(2013)第301257号

救救植物

编　　著	邵丽鸥
策　　划	宋鑫磊
出 版 人	赵国强
责任编辑	赵　凯
封面设计	赵丽丽
开　　本	889mm×1 194mm　　1 / 16
字　　数	100千字
印　　张	12
版　　次	2014年1月第1版
印　　次	2015年5月第2次印刷
出　　版	吉林美术出版社　吉林银声音像出版社
发　　行	吉林银声音像出版社发行部
电　　话	0431-88028510
印　　刷	三河市燕春印务有限公司

ISBN 978-7-5386-7797-3
定　　价　　39.80元

在人类生态系统中，一切被生物和人类的生存、繁衍和发展所利用的物质、能量、信息、时间和空间，都可以视为生物和人类的生态资源。

地球上的生态资源包括水资源、土地资源、森林资源、生物资源、气候资源、海洋资源等。

水是人类及一切生物赖以生存的必不可少的重要物质，是工农业生产、经济发展和环境改善不可替代的极为宝贵的自然资源。

土地资源指目前或可预见到的将来，可供农、林、牧业或其他各业利用的土地，是人类生存的基本资料和劳动对象。

森林资源是地球上最重要的资源之一，它享有太多的美称：人类文化的摇篮、大自然的装饰美化师、野生动植物的天堂、绿色宝库、天然氧气制造厂、绿色的银行、天然的调节器、煤炭的鼻祖、天然的储水池、防风的长城、天然的吸尘器、城市的肺脏、自然界的防疫员、天然的隔音墙，等等。

生物资源是指生物圈中对人类具有一定经济价值的动物、植物、微生物有机体以及由它们所组成的生物群落。它包括基因、物种以及生态系统三个层次，对人类具有一定的现实和潜在价值，它们是地球上生物多样性的物质体现。

气候资源是指能为人类经济活动所利用的光能、热量、水分与风能等，是一种可利用的再生资源。它取之不尽又是不可替代的，可以为人类的物质财富生产过程提供原材料和能源。

海洋是生命的摇篮，海洋资源是与海水水体及海底、海面本身有着直接关系的物质和能量。包括海水中生存的生物，溶解于海水中的化学元素，海水波浪、潮汐及海流所产生的能量、贮存的热量，滨海、大陆架及深海海底所蕴藏的矿产资源，以及海水所形成的压力差、浓度差等。

人类可利用资源又可分为可再生资源和不可再生资源。可再生资源是指被人类开发利用一次后，在一定时间（一年内或数十年内）通过天然或人工活动可以循环地自然生成、生长、繁衍，有的还可不断增加储量的物质资源，它包括地表水、土壤、植物、动物、水生生物、微生物、森林、草原、空气、阳光（太阳能）、气候资源和海洋资源等。但其中的动物、植物、水生生物、微生物的生长和繁衍受人类造成的环境影响的制约。不可再生资源是指被人类开发利用一次后，在相当长的时间（千百万年以内）不可自然形成或产生的物质资源，它包括自然界的各种金属矿物、非金属矿物、岩石、固体燃料（煤炭、石煤、泥炭）、液体燃料（石油）、气体燃料（天然气）等，甚至包括地下的矿泉水，因为它是雨水渗入地下深处，经过几十年，甚至几百年与矿物接触反应后的产物。

地球孕育了人类，人类不断利用和消耗各种资源，随着人口不断增加和工业发展，地球对人类的负载变得越来越沉重。因此增强人们善待地球、保护资源的意识，并要求全人类积极投身于保护资源的行动中刻不容缓。

保护资源就是保护我们自己，破坏浪费资源就是自掘坟墓。保护资源随时随地可行，从节约一滴水、少用一个塑料袋开始……

CONTENTS

岌岌可危的草本植物

面临灭绝的蕨类植物

渐入绝境的乔木植物

CONTENTS

急需保护的常绿植物

逐渐消失的茎块植物

自然界被誉为神奇的宝库，这也在某种意义上对它的安全构成了威胁，因为总有一些人贪婪自然界的宝藏，而对自然界无所限制地索取。

在植物界，茎块类植物往往具备某些药用或滋补价值，所以被人们视作珍宝。这就加剧了人们的占有欲望，没有计划地肆意挖掘，长年累月下来，这些自然界的瑰宝在没有获得"休养生息"的情况下，只能日益走向枯竭，走向灭亡。

●人　参

人参为多年生草本植物，为第三纪孑遗植物，也是珍贵的中药材，以"东北三宝"之称驰名中外，在我国药用历史悠久。长期以来，由于过度采挖，资源枯竭，人参赖以生存的森林生态环境遭到严重破坏，因此以山西五加科"上党参"为代表的中原产区即山西南部、河北南部、河南、山东西部早已绝灭。目前东北参也处于濒临绝灭的边缘，因此，保护本种的自然资源有其特殊的重要意义。

野山参已列为国家珍稀濒危保护植物，长白山等自然保护区已进行保护。其他分布区也应加强保护，严禁采挖，使人参资源逐渐恢复和增加。东北三省已广泛栽培，近来河北、山西、陕西、湖北、广西、四川、云南等省区均有引种。

主根肉质，圆柱形或纺锤形，须根细长；

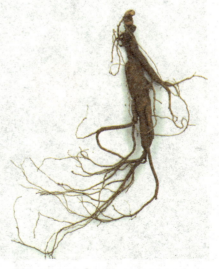

野山参

1

根状茎（芦头）短，上有茎痕（芦碗）和芽苞；茎单生，直立，高40～60厘米。叶为掌状复叶，2～6枚轮生茎顶，依年龄而异：1年生有3小叶，2年生有5小叶1～2枚，3年生2～3枚，4年生3～4枚，5年生以上4～5枚，最多的6枚；小叶3～5，中部的1片最大，卵形或椭圆形，长3～12厘米，宽1～4厘米，基部楔形，先端渐尖，边缘有细尖锯齿，上面沿中脉疏被刚毛。伞形花序顶生，花小；花萼钟形，具5齿；花瓣5，淡黄绿色；雄蕊5，花丝短，花药球形；子房下位，2室，花柱1，柱头2裂。浆果状核果扁球形或肾形，成熟时鲜红色；种子2，扁圆形，黄白色。

多生长在北纬40°～45°之间，1月平均温度-23℃～5℃，7月平均温度20℃～26℃，耐寒性强，可耐-40℃低温，生长适宜温度为15℃～25℃，积温2000℃～3 000℃，无霜期125～150天，积雪20～44厘米，年降水量500～1 000毫米。土壤为排水良好、疏松、肥沃、腐殖质层深厚的棕色森林土或山地灰化棕色森林土，pH值5.5～6.2。多生于以红松为主的针阔混交林或落叶阔叶林下，郁闭度0.7～0.8。人参通常3年开花，5～6年结果，花期5-6月，果期6-9月。

人参开花

知识点

积 温

指某一时段内逐日平均温度累加之和。是研究温度与生物有机体发育速度之间关系的一种指标，从强度和作用时间两个方面表示温度对生物有机体生长发育的影响。一般以℃为单位，有时也以度·日表示。

1735年法国的德列奥米尔首次发现植物完成其生命周期，要求一定的积温，即植物从播种到成熟，要求一定量的日平均温度的累积。1837年，法国的 J.B.布森戈用发育时期的天数乘其间日平均温度的方法计算了各类作物从播种到成熟所需要的"热总量"，称之为"度·日"。20世纪50年代前苏联在农业气象服务中曾广泛使用，其后在中国农业气象工作中也广为应用。

延伸阅读

野山参的鉴别

野山参生长于山地针阔混交林或杂木林之中，主要生长于长白山和小兴安岭地区。目前的野山参十分稀少，按照年份和大小，野山参价格差别很大，贵的野山参一根可卖到几百万元。在购买野山参时需仔细辨别。

须：长条须，老而韧，清疏而长，其上缀有小米粒状的小疙瘩称之为"珍珠点"。色白而嫩脆（俗称水须）者，则不是纯野山参。

芦：芦较长，分为二节芦、三节芦、线芦、雁脖芦。

皮：老皮，黄褐色，质地紧密有光泽。皮嫩而白者，则不是纯山参。

纹：在毛根上端肩膀头处，有细密而深的螺丝状横纹。横纹粗糙，浮浅而不连贯者则不是纯山参。

体：系指毛根。

●姜状三七

姜状三七为多年生草本植物。根状茎肉质。掌状复叶，轮生于茎顶，有小叶3～7枚，长圆状倒卵形，先端长渐尖，基部楔形，边缘有重锯齿，两面沿脉疏被钢毛。伞形花序单一，顶生，无毛，基部有线状披针形小苞片多枚。花小，紫色，子房2～3室。浆果卵圆形，红色后变黑色，内有种子1～2

姜状三七

粒。伞形花序单一，顶生，总轴细，无毛，长10～20厘米，花梗长12厘米，基部有线状披针形小苞片多枚；花小，紫色；花萼合生成杯状，花瓣5；雄蕊与花瓣同数，且与之互生，但较短；花柱2，合生至近中部。浆果卵圆形，直径为4～5毫米，熟时红色，后变黑色，内有种子12粒；种子卵球形，长3～5毫米，白色，微皱。

生长于海拔1 000～1 700米石灰岩山地。产于滇东南及滇南各县。中国特有种，云南特有种，濒危种，国家II级保护植物。

姜状三七为阴生植物，常生于石灰岩常绿阔叶林下荫蔽处，生长地区的气候温凉湿润，年平均温度约17℃，1月平均温度10℃左右，极端最低温度-4℃，极端最高温度32℃，年降水量1 300～1 500毫米；相对湿度70%～85%。土壤为砖红壤性红壤，有机质丰富，pH值5.0～5.5。3-4月根茎上萌发新芽，5月展叶，6月开花，10月果熟，11月地上部分枯萎，即进入休眠期。

姜状三七系近年来新发现人参属中根茎呈块状的特殊种类，为中国特有。根茎主含齐墩果烷型五环三萜，入药用于跌打损伤、虚痨咳嗽、外伤出血及贫血等，具有较高的经济价值。

知识点

草本植物

草本植物是一类植物的总称，但并非植物科学分类中的一个单元，与草本植物相对应的概念是木本植物，人们通常将草本植物称作"草"，而将木本植物称为"树"，但是偶尔也有例外，比如竹，就属于草本植物，但人们经常将其看做是一种树。

延伸阅读

人工培植姜状三七的采收加工

1. 采收

一般种植3年以上即可收获。在7—8月开花前收获的称"春七"，质量较好。若7月摘去花薹，到10月收挖更好，称"秋七"。12月至翌年1月结籽成熟采种后收获的质量较差，称"冬七"。收获前1周，在离地面10厘米处剪去茎秆，挖出全根。

姜状三七

2. 加工

收获后，洗净泥土，剪去芦头（羊肠头）、支根和须根，剩下部分称"头子"。将"头子"暴晒一天，进行第一次搓揉，使其紧实，直到全干，即为"毛货"。将"毛货"置麻袋中加粗糠或稻谷往返冲撞，使外表呈棕黑色光亮即为成品。也可待块根稍软时，将其置入铁筒或木箱中回转摩擦，使表皮光滑发亮。每次转30分钟，拿出再烘或晒，反复3～5次，即成商品。如遇阴雨，可在50℃以下烘干。

●桃儿七————————————————————————————

桃儿七又叫桃耳七、小叶莲，分布于陕西、甘肃、青海、西藏、四川、云南等地，属于"太白七药"之一，具有神奇的抗癌作用。

多年生草本，高40~80厘米；根状茎粗壮，横走，通常多少结节状；不定根多数，长达30厘米以上，直径2~3毫米，红褐色或淡褐色；茎直立，基部具抱茎的鳞片，上部有2~3片叶。

叶具长达30厘米的柄；叶片轮廓心脏形，长13~20厘米，宽16~30厘米，3或5深裂几达基部，顶生裂片3浅裂，侧生裂片2中裂，小裂片先端渐尖，边缘具尖锯齿，下面被柔毛。花两性，6基数，单生茎端，先叶开放；萼片早落；花瓣粉红色，倒卵状长圆形，外轮大，内轮较小；雄蕊长约9毫米，花药线形，长约4毫米，具四合花粉；子房1室，生多数胚珠。浆果卵圆形，熟时红色，长5.5~6.5厘米，直径约3.5厘米；种子多数。

桃儿七通常生于海拔较高的平坦山谷及透光度好的林下、林缘或草灌丛中。高山草丛中或疏林下及林缘。适于寒冷而湿润，夏季低温多雨，冬春干冷的气候，最低气温在-10℃以下，年降水量400~900毫米，多集中在6-9月。所在地为高山草地乱石缝隙腐殖质丰富的山地灰化土、暗灰钙土、灰褐土及山地棕壤。

桃儿七的根茎与果实均有较高的药用价值。同时也是东亚和北美植物区系中的一个洲际间断分布的物种，对研究东亚、北美植物区系有一定的科学价值。

✎ 知识点

灰 化 土

灰化土亦名灰壤，是寒温带针叶林植被下发育的土壤。广泛分布于欧亚大陆北部和北美洲的北部，东西呈连续带状，南半球仅见于山地垂直带中。约占地球陆地面积的9%。在中国，主要分布于大兴安岭北端和青藏高原边缘山地。在冷湿针叶林下，土壤终年处于湿润状态，从而创造了还原淋溶的条件；以真菌为主体的微生物分解林下凋落物，产生以富里酸占优势的大量有机酸，而又得不到中和，使土壤溶液保持酸性至强酸性。在强酸性条件下，有机酸使土体发生螯合淋溶和淀积作用，形成灰化土。

延伸阅读

桃儿七有毒

桃儿七味苦，性温。该物种为中国植物图谱数据库收录的有毒植物，其毒性为根和根茎含鬼臼树脂。人服鬼臼树脂中毒，其症状通常有呕吐、呼吸兴奋、运动失调和昏迷。对大鼠胃肠道和非胃肠道给药后8小时内多数动物有腹泻、呼吸困难、拖尾，而后兴奋直至痉挛、衰竭、昏迷，15～18小时内出现死亡。尸检发现主要是急性肠炎。

●八角莲————————————————————————

八角莲又叫金魁莲、旱八角，属于小檗科植物。为多年生草本植物，茎直立，高20～30厘米。不分枝，无毛，淡绿色。根茎粗壮，横生，具明显的碗状节。茎生叶1片，有时2片，盾状着生；叶柄长10～15厘米；叶片圆形，直径约30厘米，常状深裂几达叶中部，边缘4～9浅裂或深裂，裂片楔状长圆形或卵状椭圆形，长2.5～9厘米，宽5～7厘米，先端锐尖，边缘具针刺状锯齿，上面无毛，下面密被或疏生柔毛。花5～8朵排成伞形花序，着生于近叶柄基处的上方近叶片处；花梗细，长约5厘米，花下垂，花冠深橘色；萼片6，外面被疏毛；花瓣6，勺状倒卵形，长约2.5厘米；雄蕊6，蕴含隔突出；子房上位，1室，柱头大，盾状。浆果椭圆形或卵形。种子多数。花期4-6月，果期8-10月。

生于海拔300～2 200米的山坡林下阴湿

八角莲

处。分布虽广，但零星散生，常被采挖作药用，分布范围逐渐缩小，植株数量日益减少。

夏季休眠的八角莲地下根茎于10～11月开始出芽展叶，常一个月展一片叶子，当长至3～4叶时于1-2月开始抽薹，花蕾发育50～60天后于3-4月开放。花后一般不再长新叶，而进行根茎地充实生长和芽的分化，这时最初生长的叶子也开始衰老死亡，而生长于地上茎的2枚叶片则可以生长到7～8月，供果实与根茎充实生长，果熟期6-7月。7月末地上部分枯萎死亡，准备休眠越夏。如果生长的小环境好（气温不高）的话，可以在7月萌发新叶，直到冬季7月才衰老。8-11月的休眠期进行花和芽的分化。新根常在萌芽前生长，每条根的寿命为3～4年。八角莲在自然状态下靠分株繁殖，不过数量很少，种子不易萌发，但是远距离传播的主要方式（几率很小）。由于八角莲不易繁殖、生长条件要求苛刻且过度采挖，所以野生数量急剧下降。

知识点

休　眠

休眠同"复苏"相对。有些动植物在不良环境条件下生命活动极度降低，进入昏睡状态。等不良环境过去后，又重新苏醒过来，照常生长、活动。动物界的休眠大致有两种类型，一类是严冬季节时（低温和缺少食物）进行的冬眠，如青蛙、刺猬等；一类是酷暑季节进行的夏眠，如海参、肺鱼等。休眠在动物界是较为常见的生物学现象，除了两栖动物、爬行动物外，不少的无脊椎动物和少数的鸟类、哺乳动物等也有休眠的现象。

延伸阅读

八角莲酒

八角莲配方：八角莲、黄杜鹃各25克，紫背天葵50克，白酒500毫升。

制法：将前3味洗净，切碎，入布袋，置容器中，加入白酒密封，浸泡7天后，过滤去渣，即成。

功用：清热解毒，活血散淤。

主治：乳腺癌等。

用法：口服，每次服15毫升，日服2～3次。亦可用此药酒外涂擦患部。

●华山新麦草 ————————————————————————

多年生草本植物，具延长根茎。秆散生，高40～60厘米，径2～3毫米。叶鞘无毛，基部褐紫色或古铜色，长于节间；叶舌长约0.5毫米，顶具细小纤毛；叶片扁平或边缘稍内卷，宽2～4毫米，分蘖者长10～20厘米，秆生者长3～8厘米，边缘粗糙，上面黄绿色，具柔毛，下面灰绿色，无毛。穗状花序长4～8厘米，宽约1厘米；穗轴很脆，成熟时逐节断落，节间长3.5～4.5毫米，侧棱具硬纤毛，背腹面具微毛；小穗2～3枚生于1节，黄绿色，含1～2小花；小穗轴节间长约3.5毫米；颖锥形，粗糙，长10～12毫米；外稃无毛，粗糙，第一外稃长8～10毫米，先端具长5～7毫米的芒；内稃等长于外稃，具2脊，脊上部疏生微小纤毛；花药黄色，长约6毫米。花、果期5-7月。多生长在海拔450～1 800米之间的中低山区石间路旁、墟缝中的残积土和峭壁的岩石空隙中。它是农作物的野生亲缘种，具有很强的抗逆性和喜光的特性。为国家一类珍稀保护植物。农业专家指出，"华山新麦草"有抗病、抗旱、早熟等优良特性，对小麦新品种的研制有重大意义。

华山新麦草是我国特有的禾草植物，分布仅局限在陕西华山极为狭小的范围内，与同属的其他物种有较大的形态差异和形成间断地理分布。主要分布在西岳华山的华山峪、黄甫峪和仙峪。

✎知识点

野生亲缘种

农作物都是由野生植物培育而来的，被农业采用的适合种植和消费的野生种及其同类，叫野生亲缘种。在丰富的野生种中，只有一小部分适合种植和消

费的品种被农业采用。因此，与野生种相比，农作物品种相对单一，尤其是在现代化的大规模农业中，一个好品种的种植面积非常大。这对大量生产农产品是有利的，但在发生病虫害袭击或环境变化时，物种过分单一可能使农作物大面积减产。

许多野生亲缘种携带抗虫、抗旱等基因，对农作物品种改良和增加农作物多样性极其重要，是农业育种的"基因库"。

延伸阅读

中草药

中草药（英文名：Chinese Traditonal drug）：中药主要由植物药（根、茎、叶、果）、动物药（内脏、皮、骨、器官等）和矿物药组成。因植物药占中药的大多数，所以中药也称中草药。中国各地使用的中药已达5 000种左右，把各种药材配伍形成的方剂，更是数不胜数。经过几千年的研究，形成了一门独立的科学——本草学。

找不到未来的藤蔓植物

藤蔓植物就像植物界攀援的凌霄花，美丽地追随着或高或矮的挺立植株，在层次错落间尽职尽责地消化着照射到自己身上的那份阳光，把它们充分地进行着光合作用。同时用藤蔓编织的绿荫遮挡着紫外线，时刻保护着大地母亲的皮肤。

就是这样默默的地球生命捍卫者，如今却生存堪忧。随着工业文明的进一步深入，城市的不断扩张，越来越多的森林被砍伐，越来越多的土地被占用，藤蔓植物正日益失去它赖以生存的环境，于是走向死亡已经成为不争的事实。

●永瓣藤

藤本灌木，高达6米；小枝节部常有多数宿存卵锥形芽鳞。叶薄，窄卵形或矩圆状椭圆形；长5～8.5厘米，宽2～3厘米，先端长渐尖，基部圆形，叶缘常有线刺状锯齿；叶柄长约1厘米；托叶锥形，边缘有毛状细齿，宿存。聚伞花序侧生上年枝上，有3至数花，花梗极细弱，苞片对生，锥形；花白绿色，直径约5毫米，4数；雄蕊无花丝，生花盘边缘上方；花盘方扁；子房与花盘合生，4室，每室1～2颗胚珠。蒴果4深裂，常只1～2裂瓣成熟，外有大形宿存花瓣，瓣倒卵状匙形，长约1厘米，下垂；果梗丝形，长约1厘米；种子每瓣1粒，黑褐色，基部有细小环状假种皮。永瓣藤种子小，种皮坚硬，寿命较短，种子萌发障碍难以消除，致使发芽率极低甚至不发芽，通过对种子处理的发芽试验结果也证实了这一点。即使进行了处理，其发芽率还是很不理想，萌发时间长，出苗困难，生长势弱，抗逆性差。自然环境下的成苗条件苛刻，落到地面的果实或种子难以覆土保墒，以致野外调查几乎见不到实生苗。因此，永瓣藤的种子特性也是决定它在自然界处于稀有濒危状态的重要原因之一。

永瓣藤

永瓣藤分布于安徽南部祁门、贵池及江西北部景德镇、贵溪、武宁、修水、万载、宜丰、奉新及靖安等地。生于海拔150～1000米的山谷、沟边或山坡林中。

永瓣藤一般在土层较深、腐殖质含量丰富、排水良好的偏酸性土壤环境生长最好，在湿润的沟谷、土层浅薄、岩石裸露的地方也能适应，但在长期积水之地或干旱的山嵴未见分布。其分布区域狭窄，零星分布于赣西北及鄂东南的九岭、幕阜山林区和赣东北与皖南交界的山区，因鄱阳湖水域使其呈东西间断分布。永瓣藤很可能是本地区起源的单型特有属。西部亚区即鄂东南的通山县，赣西北的修水、武宁、奉新、靖安、永修、九江等县，东部亚区即皖南的祁门，赣东北的浮梁、婺源、德兴、玉山等县。原有记载的贵池、贵溪、宜丰、万载等县现未见有其种群踪迹，很可能已灭绝，说明永瓣藤的分布区正在逐渐缩小。永瓣藤种群的分布格局呈狭域间断分布是以地史成因为主，生态成因次之。

在地史时期，该种群在扬子古陆呈连续分布，随着造山运动、鄱阳湖的形成，从而分成东西两个亚区。又因分布在海拔1000米以下，人类活动严重破坏森林植被，导致生境脆弱化，其分布也严重片断化、破碎化，使现存的种群呈岛屿星散分布格局。永瓣藤种群内个体的分布格局呈集群分布，这与其种群无性系天然更新密切相关。通过生态定位观测得知，永瓣藤种子散布的有效性极低，主要通过匍匐生长的不定根所形成无性系小植株来维持种群的繁衍和生存。

知识点

腐殖质

腐殖质是已死的生物体在土壤中经微生物分解而形成的有机物质。黑褐色，含有植物生长发育所需要的一些元素，能改善土壤，增加肥力。主要方法是帮助增加可以让空气和水进入的空隙，也同样产生植物必需的氮、硫、钾和磷。

延伸阅读

永瓣藤的有性繁殖

永瓣藤种子小，种皮坚硬，寿命较短，种子萌发障碍难以消除，致使发芽率极低甚至不发芽，通过对种子处理的发芽试验结果也证实了这一点。即使进行了处理，其发芽率还是很不理想，萌发时间长，出苗困难，生长势弱，抗逆性差。自然环境下的成苗条件苛刻，落到地面的果实或种子难以覆土保墒，以致野外调查几乎见不到实生苗。因此，永瓣藤的种子特性也是决定它在自然界处于稀有濒危状态的重要原因之一。

●藤　枣 ————————————————————————————————

木质藤本，嫩枝被微柔毛。叶革质，卵形或卵状椭圆形，长9.5～22厘米，宽4.5～13厘米，先端渐尖或突尖，基部圆或钝，稀宽楔形，两面无毛，上面具光泽，侧脉5～9对，两面凸起，网脉稀疏，不明显；叶柄长2.5～8厘米，顶端膨大而蜷曲。雄花序有花1～3，簇生状，着生落叶腋部，总梗长6～10毫米，被微柔毛；萼片12，排成4轮；花瓣6，雄蕊6，分离。果序着生于无叶的老枝上，着果31，总梗粗壮，长达2厘米；核果椭圆形，成熟时橙红色，长2.5～3厘米，直径1.7～2.5厘米，心皮柄长达1.5厘米；种子椭圆形，长1.5～1.7厘米。

藤枣为低山沟谷季节雨林中的层间植物，为偶见种。分布于低山沟谷季雨林边缘。产地年平均温度约20℃，年降雨量1 200～1 500毫米，分布不均匀，80%～90%集中在雨季（5-10月），但干季多露，可补偿水分的不足，相对湿度80%～85%。土壤为紫色砂岩形成的黄壤，有机质层厚，pH值4.5～5.5，果期2-3月。

目前仅在西双版纳小范围内有零星分布，生于海拔620米低山沟谷季雨林边

缘。中国仅此一属一种，结果的也只见到一株，对热带植物区系研究有意义。食用具有益气滋阴，补血活血的功效，被列为国家一级重点保护野生植物。

知识点

层间植物

森林中的附生植物和藤本植物，它们附着或攀缘在直立植株的不同部位，本身不构成一个层次，称为层间植物。藤本植物一般是喜光的，它们的叶层总是高踞于群落的最高层，而附生植物则有不同的生态习性，有些阳性喜光的种类附生在大乔木的上部，耐荫喜湿的种类，则附生在森林内荫湿部位的树干上。热带森林的藤本和附生植物非常发育。

延伸阅读

扦插繁殖法

扦插繁殖法可分为根插法和枝插法两种。

1. 根插法

根插出苗率较高，但取根较困难。方法是选取径粗1～2厘米的小根，截成10～12厘米长的根段，扦插在圃地内即可成活。

2. 枝插法

在生长季的时期（6—8月上旬），取苁蓉苗当年新梢做插条，用吲哚丁酸$500×10^{-6}$米浓度处理，在塑料大棚间歇弥雾条件下重要率达90%。重要苗木移植露地苗圃后，要遮荫半月（长期遮荫会造成光照不足，苗弱，不易越冬）。越冬前，应灌足冻水，苗基部要培土。移植苗当年生长量甚少，第二年苗高平均可达50厘米，根系健壮，发育良好，若按常规管理，两年即可出圃。

近年来有材料报道：用特制的嫩枝颗粒剂处理后，进行藤枣扦插繁殖，已取得了较好的效果。

●萼翅藤--------------------------------

常绿蔓生大藤木，高5～15米，茎直径5～20厘米。使君子科的萼翅藤属是一个亚洲热带山地特有属。萼翅藤是一个单种属，主要分布于缅甸、印度、新加坡和中国，中国仅见于云南西部的盈江县那邦坝。萼翅藤在中国植物区系研究上具有一定的价值，其在中国云南西部分布的事实有力地说明该地区植物区系的热带北缘性。

萼翅藤

茎皮灰白色，枝纤细，密被柔毛。叶对生，革质、卵形或椭圆形，长5～12厘米，宽3～6厘米，上面主脉及侧脉上被毛，下面密被鳞片及柔毛，侧脉5～10对，连同网脉在两面明显；叶柄长8～12毫米，密被柔毛。总状花序腋生或集生枝顶，形成大型聚伞状花序；花小，苞片卵形或椭圆形，密被柔毛；花萼杯状，5裂，裂片三角形；无花瓣；雄蕊10，2轮排列，5枚与萼片对生，5枚生于萼裂之间，花丝无毛；子房1室，胚珠3，悬垂。假翅果被柔毛，长约8毫米，具5棱，宿存萼片5，增大为翅状，长10～14毫米，被毛。

萼翅藤产地气候受印度洋暖流影响较深，具有气温较高，雨量丰沛，干湿季十分明显的特征。年平均温度22.7℃，极端最低温度2℃，年降水量2 856毫米，90%集中在5-9月，相对湿度82%。土壤为砖红壤，pH值4.5～5.5。生于云南娑罗双林中。花期3-4月，果期6-8月。

🌀知识点

砖 红 壤

砖红壤是热带雨林或季雨林中的土壤在热带季风气候下，发生强度富铝化作用和生物富集作用而发育成的深厚红色土壤，以土壤颜色类似烧的红砖而得名。

砖红壤是具有枯枝落叶层、暗红棕色表层和棕红色铁铝残积层的强酸性铁铝土。但中国的雷州半岛和海南岛北部由玄武岩母质发育的砖红壤呈暗红色。土层深厚，质地黏重，黏粒含量高达60％以上，呈酸性至强酸性反应。

延伸阅读

萼翅藤的研究价值

　　萼翅藤是一种古老孑遗的单种属植物，被国家列为首批二级保护植物，具有极其重要的科学研究价值。在分析总结多年的调查研究资料后，从萼翅藤形态特征、群落数量特征、繁殖特征及其生境等多个方面对萼翅藤的生物、生态学特征进行了研究。研究结果表明，好的生境中，萼翅藤的形态变异性大；在环境因子中，对水分的敏感性和依赖性最强，同时其分布和生长也受土壤类型和土壤盐分等的限制，生态适应性表现为耐高温、耐寒冷、耐瘠薄、适干旱、喜偏碱性环境。

●巴戟天

　　缠绕或攀缘藤本。根茎肉质肥厚，圆柱形，支根多少呈念珠状，鲜时外皮白色，干时暗褐色。有蜿蜒状条纹，断面呈紫红色。茎圆柱状，有纵条棱，小枝幼时有褐色粗毛，老时毛脱落后表面粗糙。

　　叶对生，长椭圆

巴戟天

形，长3～13厘米，宽1.5～5厘米，先端短渐尖，基部楔形或阔楔形，全缘，下面沿中脉上被短粗毛，叶缘常有稀疏的短睫毛；叶柄有褐色粗毛；托叶鞘状。花序头状，花2～10朵，生于小枝顶端，罕为腋生；花萼倒圆锥状，长3～4毫米，先端有不规则的齿裂或近平截；花冠肉质白色，花冠管的喉部收缩，内面密生短毛，通常4深裂；雄蕊4枚，花丝极短；子房下位，4室，花柱2深裂。浆果近球形，直径5～9毫米，成熟后红色，顶端有宿存的筒状萼管。花期4-5月，果期9-10月。

野生于山谷、溪边或山林下，亦有栽培。分布于广东、广西、福建等地。

🖊 知识点

雄 蕊

雄蕊是种子植物产生花粉的器官。由花丝和花药两部分组成。位于花被的内方或上方，在花托上呈轮状或螺旋状排列。数目因植物种类而异，通常，原始的种类数目多而不一定，较高等的种类数目趋于减少并达到一定的数目。一朵花中全部雄蕊总称雄蕊群。

📚 延伸阅读

常见伪品鉴别

羊角藤：多呈圆柱形，略弯曲，长短不等，直径1～3厘米，表面颜色似巴戟天，具纵皱纹及横纹，有的皮部断裂而露出较粗的木质心，似扭曲的麻绳，皮部较薄，颜色略同巴戟天而较浅，味淡涩。

虎刺：根呈圆柱形，中间常分数节，有的加工压扁，长短不等，较巴戟天为短，表面棕褐色或黑褐色，主要鉴别的要点是虎刺是从节痕处横裂露出木质心，形成长短不等的节状如连珠，是自然形成的，与人工槌扁的巴戟天完全不同，皮坚硬，味苦微甜。

走投无路的灌木植物

珍稀的夏腊梅、棕背杜鹃、长柄双花木都是属于灌木植物，它们一般没有明显的主干，植株矮小，但是这并不妨碍它们保护环境，净化空气。

在本章中，选取了几种珍稀的、濒临灭绝的灌木植物，虽然人们并不能时常见到它们，但是也不可忽视它们在维护物种多样性上的作用，因为，在自然界中生长的每一种植物，都是我们人类宝贵的财富。

● 裸果木 ————————————————————

裸果木，牧草科名石竹科。

系落叶灌木，高20～80厘米；多分枝，幼枝赭红色，老时暗灰色，节部膨大。叶稍肉质，近无柄，线形，长5～12毫米，宽1～1.5毫米，先端急尖，具小尖头；托叶膜质。花单生或2至数朵排成腋生聚伞花序；苞片白色，膜质，椭圆形，长约8毫米；花萼管短，裂片5，倒披针形，先端有芒尖，外被短柔毛；无花瓣；雄蕊10，与萼片对生的5枚有花药，另5枚无花药；心皮3，子房上位，近球形，花柱1，顶端3裂。瘦果包藏于宿存的萼内，具1种子。

花小，不显著，排成顶生的短聚伞花序；苞片干膜质；花萼初草质，后变硬，花萼管短，下部连合，萼片到披针状，裂片5，先端有芒尖，外面被短柔毛；无花瓣；雄蕊5，外轮雄蕊无花药，内轮雄蕊花丝细，花药椭圆形，纵裂；周位，与退化雄蕊互生；子房近球形，花柱顶端3裂；果为膜质胞果，藏于萼管内。花期5~7月，果期8月。

通过光镜和扫镜电镜对新疆产裸果木亚科3属6种植物的花粉形态进行了观察。结果表明：花粉形态有3种类型，裸果木属为散孔类型，治疝草属为三孔类型，拟漆姑草属为三沟类型。具孔类型中，萌发孔边缘界限不清楚，孔膜不明显，颗粒状纹饰；具沟类型中，萌发沟上有膜覆盖，具颗粒状纹饰。根据花粉形态，编出分属检索表，并讨论了花粉形态在分类中的作用以及各属之间的亲缘关系。

裸果木分布区具有干旱、多风，夏季酷热，冬季寒冷，昼夜温差较大的大陆性气候。年平均温度6℃～12℃，极端最高温度34.3℃～43.9℃，地表温度高达60℃以上，极端最低温度-20℃～-45℃，年降水量36.9～200毫米，年蒸发量1 300～3 378毫米，八级以上大风日常达20～30天。裸果木植株矮小，根系发达，枝干森质化程度高，十分坚硬。喜光性强，耐干旱、寒冷和瘠薄土壤，抗风能力强，

裸果木

多生在干旱的灰棕色荒漠土或棕色荒漠土的砾石戈壁或低矮的剥蚀残丘下部，在地表径流处或低洼处常形成单优势种群落。花期5-6月，果期6-7月。

裸果木为亚洲中部荒漠区内比较稀少的残遗种，属古地中海成分，是构成石质荒漠植被的重要建群树种之一。由于生存条件恶劣，繁殖困难，又常遭樵采和骆驼啃食，目前分布区已日渐缩小。应在分布集中的地区建立自然保护区，严禁樵采和放牧，或划出一定的保护范围，由当地县旗、农场或牧场保护好这一珍贵的残遗植物。

知识点

石 竹 科

石竹科有88属大约2 000种植物，在全球温带地区分布，有几种分布在热带山区甚至在寒带，都是草本植物，主要分布在欧洲、亚洲和地中海地区，但也有一种生长在南极洲，是南极洲仅有的两种双子叶植物之一。中国有32属400余种。石竹科分为3个亚科：繁缕亚科、石竹亚科、大爪草亚科。

延伸阅读

千果榄仁

常绿大乔木，高25～35米，胸径达1米。主要分布于云南、广西和西藏部分地区低海拔河谷地带的热带雨林中。喜温暖、湿润的小环境。8月开花，10月果熟，果实极多，能随风飞扬，但发育者少，自然更新能力差。

●夏腊梅

夏腊梅为落叶灌木，高1～3米；大枝二歧状，小枝对生，嫩枝黄绿色，2年生枝灰褐色；冬芽为叶柄基部所包被。

夏腊梅

夏腊梅的叶对生，膜质，宽椭圆形或宽卵状椭圆形，长13～29厘米，宽8～16厘米，先端短尖，基部圆形或近耳形，边缘具不整齐微锯齿或近全缘；叶柄长1.2～1.8厘米。花单生嫩枝顶端，直径4.5～7厘米，无香气；花被片螺旋状着生，两型，外轮花被片常为14，倒卵状短圆形或倒卵状匙形，长1.4～3.6厘米，宽1.2～2.6米，不等长，白色，边淡紫红色，内轮花被片9～12，椭圆形，长1.1～1.7厘米，宽0.9～1.3厘米，肉质，半透明，中部较厚，向内卷曲，上部淡黄色，下部带白色，腹面基部具淡紫红色细斑点；雄蕊18～19枚，花丝极短；心皮11～12，花柱丝状，子房生于凹陷的花托内。聚合果托钟形或近顶端微收缩，长3～4厘米，径1.5～3厘米；瘦果扁平或有棱，椭圆形，长1.2～1.5厘米，直径0.7厘米，褐色。

分布于山坡或溪谷林下。分布区的气候凉爽湿润，年平均温度约12℃，1

月平均温度为2.7℃，极端最低温不低于−13℃，极端最高温度约35℃，年降水量1 400～1 600毫米；相对湿度不低于80%，一般年份无霜期为215天。土壤为发育良好的山地黄壤，缓坡上土层厚达1米左右，陡坡约50厘米，有机质含量2.6%～17.1%，pH值4.7～5.1。夏腊梅为较耐荫树种，在强光下生长不良，甚至枯萎。不耐干旱与瘠薄，

但比较耐寒。常生长在以甜槠、木荷、青钱柳为优势种的溪谷常绿阔叶林或常绿、落叶阔叶林下和山地灌丛中。夏腊梅叶大质薄，10月下旬陆续落叶，翌年3月下旬至4月上旬展叶，5月中旬始花，6月上旬凋谢。种子于9月下旬至10月上旬成熟，无休眠期。

夏腊梅是蜡梅家族中比较特殊的一个种，与其隆冬腊月开花的大多数成员不同，到每年5月中、下旬的初夏季节才开放花朵。夏腊梅的花一般先叶开放，单独生长于嫩枝的顶端，花朵洁白硕大，单生，两性。花萼呈花瓣状，花被片为多数，雄蕊18～19枚，着生于肉质花托顶部，花丝极短；心皮为多数，离生，着生于壶形花托内，子房上位，每室1～2胚珠。夏腊梅的花期也很长，花朵一直持续开放到6月上旬才逐渐凋谢。9月下旬至10月上旬是果实成熟的季节，每个聚合果都有一个近顶端收缩的像小编钟一样的果托，里面盛有一个瘦瘦的椭圆形褐色果实，扁平或有棱，挂满枝头，随风摇曳，成为珍贵的观赏树木。

知识点

花　萼

花萼位于花冠外面的绿色被片是花萼，它在花朵尚未开放时，起着保护花蕾的作用。

花萼是一朵花中所有萼片的总称，包被在花的最外层。萼片多为绿色而相对较厚的叶状体，内含稍分枝的维管组织与丰富的绿色薄壁细胞，但很少有栅栏组织与海绵组织的分化。在有的植物中，花萼可能特化成大而有鲜艳颜色的瓣状萼（类似花瓣），如乌头、白头翁。委陵菜、草莓、棉等的花除花萼外，外面还有一轮绿色的瓣片，称副萼，相当于花的苞片。

救救植物 JIUJIUZHIWU

延伸阅读

夏腊梅的病虫害防治

1. 炭疽斑

主要在苗期发生危害，导致叶斑满目、叶色发黄、植株瘦弱。

防治方法：秋末冬初，落叶予以烧毁，可减少来年病害的发生；发现少量病叶，及时摘去销毁；发病初期50%的炭疽福镁可湿性粉剂500倍液喷洒病株，每隔10～15天一次，连续3～4次。

2. 斜纹夜蛾

主要以幼虫啃食叶片，导致苗株百孔千洞，非常难看。

防治方法：可用2.5%的功夫乳油1 000倍液于早、晚喷洒枝叶，可有效杀死其幼虫。

●四合木

在中国内蒙古与宁夏交界的一片狭小的荒原上，生长着一簇簇不起眼的植物：它身高不足半米，长有偶数羽状复叶，叶片很小，开白色或黄色小花。不要看它"貌不惊人"，它却是地球上最具代表性的古老残遗濒危珍稀植物，植物中的"活化石"——四合木。

四合木又名油柴，落叶小灌木，高30～50厘米。分布于内蒙古部分地区海拔1 000～1 300米石质低山、砂砾质高平原及山前洪积扇等地，为强旱生小灌木，是草原荒漠的建群种之一。根系非常发达。花期5-6月，果期8-9月。

四合木之所以有"植物大熊猫"之誉，是因为四合木是中国特有物种，世界上仅存的约1万公顷的四合木分布在内蒙古和宁夏之间的荒漠区。像大熊猫一样，四合木也是十分古老的物种，起源于古地中海植物区系，它的分布区是亚洲一批古老残遗植物的避难所。这种植物，全世界只有中国才有，而全中国仅此一处才有！

四合木能在如此恶劣的条件下存活至今，堪称奇迹。因此，四合木也是一部天然"史书"，具有极高的科学研究价值。它对于研究物种的起源和变迁，探索物种发展的多样性及其保护，维护生态平衡，改善生态环境，走可持续发展之路，都有十分重要的价值。四合木为国家一级珍稀保护植物。

四合木枝体含油脂丰富，即使刚砍下的新鲜植株也很易燃烧，当地群众称它"油柴"或"四翅油葫芦"，被大量砍伐当柴火烧。骆驼、山羊对它的破坏也很大。此外，四合木分布区便利的水利、交通，丰富的矿产以及低廉的地价吸引着越来越多的企业进驻。大片四合木连同它生长的地皮被铲平，取而代之的是一座座厂房。这种破坏远远超过了山羊剪刀般的嘴巴和头般的蹄子。它使得原本统一的四合木王国四分五裂，成为几个独立的小块。

四合木是一种很特别的植物。当地有人曾进行过移栽试验，结果难以成活。还有人把它放入花盆培育，结果也枯死了。是何原因，至今无人能说得清。有关人员坦然承认，目前对四合木的生长习性及其特点，还都缺少深入研究，真正的科学研究尚未走上正轨。

📖 知识点

山 羊

中国山羊饲养历史悠久，早在夏商时代就有养羊文字记载。1 000多年前，中国劳动人民就开始饲养山羊，后逐步形成规模。山羊生产具有繁殖率高、适应性强、易管理等特点，至今在中国广大农牧区广泛饲养。改革开放30年来，中国山羊业发展迅速，成就显著。中国山羊分布的地区广，遍及全国，全国有一半以上的省（区）山羊头数超过绵羊。南方一些省（区）不能养绵羊的地方却可以养山羊。

山 羊

延伸阅读

四合木的研究价值

专家认为，四合木还有许多待解之谜，它富集钙、镁、钾、磷、铁等微量元素，含有生物碱、黄酮类、有机酸类、酚性化合物、油脂等，中科院专家认为在植物增强生命力、抗旱、医学临床方面有极高的应用价值，更多的特征有待进一步研究。四合木的开花期为每年的5-6月，7-9月结出果实，从而实现种群的繁殖与更新。起初，由于刚砍下的新鲜植株也很易燃烧，当地牧民称其为"油柴"或"四翅油葫芦"，用来烧火，当他们意识到四合木的价值后，纷纷偷采到家中培植，奇怪的是在荒郊野外风吹雨打却能苗壮成长的四合木，一旦离开天然环境，竟无法存活。

● 猬　实 —————————————————————————————

猬实为落叶灌木，高1.5～3米；幼枝被柔毛，老枝皮剥落。叶互生，有短柄，椭圆形至卵状长圆形，长3～8厘米，宽1.5～3厘米，近全缘或疏具浅齿，先端渐尖，基部近圆形，上面疏生短柔毛，下面脉上有柔毛。伞房状的圆锥聚伞花序生于侧枝顶端；每一聚伞花序有2花，两花的萼筒下部合生；萼筒有开展的长柔毛，在子房以上处缢缩似颈，裂片5，钻状披针形，长3～4毫米，有短柔毛；花冠钟状，粉红色至紫色，喉部黄色，外有微毛，裂片5，略不等长；雄蕊4，2长2短，内藏；子房下位，3室，常仅1室发育。

瘦果2个合生，通常只1个发育成熟，连同果梗密被刺状刚毛，顶端具宿存花萼。猬实分布区属冬春干燥寒冷，夏秋炎热多雨的半湿润、半干旱气候。极端最低温可达-21℃，年平均温度12℃～15℃，年降水量500～1100毫米，多集中于7-8月。土壤多为褐色土，呈微酸性至微碱性反应。在土层薄、岩石裸露的阳坡亦能正常生长，湿地则侧根易腐而逐渐枯死。猬实具有耐寒、耐旱的特性，在相对湿度过大、雨量多的地方，常生长不良，易罹病虫害。为喜光树种，在林荫下生长细弱，不能正常开花结实。常与绣线菊、胡枝子、连翘、茅莓等组成稀疏灌丛。猬实的果实可借山羊、獾等动物传播，但因种皮坚硬，果刺常钩悬在其他植物体上，或虽果实落地而因土壤干燥，种子常不易发芽，所以一般天然更新苗极少。花期5–6月，果期9–10个月。

猬实是秦岭至大别山区的古老残遗成分，由于形态特殊，在忍冬科中处于孤立地位，它对于研究植物区系、古地理和忍冬科系统发育有一定的科学价值。猬实花序紧簇，花色艳丽，是一种具有较高观赏价值的花木。

 知识点

大 别 山

大别山位于中国河南省、安徽省、湖北省交界处。东南—西北走向，西接桐柏山，东为张八岭，三者合白马尖——亦称淮阳山。长江、淮河的分水岭。长270千米。主峰白马尖，海拔1 777米，位于安徽省霍山县南。主要有4A级景区鸡公山等。

大 别 山

延伸阅读

猬实的繁殖培育

播种、扦插、分株、压条繁殖。播种应在9月采收成熟果实，取种子用湿沙层贮藏越冬，春播后发芽整齐。扦插可在春季选取粗壮休眠枝，或在6-7月间用半木质化嫩枝，露地苗床扦插，容易生根成活。

分株于春、秋两季均可，秋季分株后假植到春天栽植，易于成活。苗木移栽，从秋季落叶后到次年早春萌芽前都可进行。雨季要注意排水，开花后适当疏修剪，促使来年花繁色艳。

● 长柄双花木 ————————————————————————

长柄双花木是金缕梅科双花木属的落叶灌木。在天然林中，树高可达5~6米。叶片近圆形，基部心形，叶脉掌状，叶宽4~7厘米。每当金秋时节，长柄双花木树叶变红，点缀于青翠的常绿阔叶林间，景色十分秀丽。由于它的叶柄细长，花序柄亦细长，花2朵并生，故称之为长柄双花木。胸径6厘米；多分枝，小枝曲折。叶互生，卵圆形，长5~7.5厘米，宽6~9厘米，先端钝圆，基部心形，全缘，掌状脉5~7；叶柄长5厘米。头状花序有两朵对生无梗的花；花序梗长1~2.5厘米；花两性；萼筒浅杯状，裂片5，卵形，长1~1.5毫米；花瓣5，红色，狭披针形，长约7毫米；雄蕊5，花丝短，花药内向2瓣开裂；子房上位，2室，胚珠多数，花柱2，极短，柱头略弯钩。蒴果倒卵圆形，长1.2~1.6厘米，直径1.1~1.5厘米，木质，室背开裂；每室有种子5~6粒；种子长圆形，长4~5米，黑色，有光泽。

分布区域分布于湖南道具空树岩、常宁阳山、宜章莽山，江西南丰军峰山，浙江开化龙潭(已灭绝)及龙泉佳佳溪等地。生于海拔630~1 300米的低山至中山。

分布区的气候特点是温凉多雨，云雾重，湿度大。年平均温度12.9℃，1月平均温度2.6℃，极端最低温度-12.3℃，7月平均温度22.6℃，极端最高温度

31.8℃；年降水量约1 965毫米；平均相对湿度84%。成土母质多为花岗岩，土壤为山地黄壤，土层浅薄多岩块，酸性，pH值5.6左右。耐阴树种，长在林下的植株可形成主干，位于山脊陡坡的，因大风日照强，易受日灼，树干多弯曲，丛生。常与交让木厚皮香绵周、硬壳周、美丽马醉木、老鼠矢、满山红等伴生。冬芽于3月份初萌动，4月上旬展叶，花期在10月下旬，果实于翌年9–10月成熟。本种的花开放时，叶多数已脱落，花枝上同时具有去年的蒴果。

长柄双花木对环境的要求有"三喜二怕"。"三喜"是：喜欢湿润凉爽的山地气候；喜欢肥沃疏松的土壤；喜欢空气湿度较大的森林环境，山脉的阴坡或半阴坡更适合其生长。"二怕"是：怕积水烂根；怕干旱日灼。通过试验得知，把它栽在山顶或山坡上部也能生长，但长势不如位于山坡中部或下部的植株。由此可见，在不积水、不干旱的条件下，可以将长柄双花木引入气温适宜的公园或作盆景栽培，以观赏其圆圆的红叶、红花和双果、曲枝多态的树姿。

知识点

花 岗 岩

花岗岩是一种岩浆在地表以下冷却形成的火成岩，主要成分是长石、石英和云母。花岗岩的语源是拉丁文的granum，意思是谷粒或颗粒。因为花岗岩是深成岩，常能形成发育良好、肉眼可辨的矿物颗粒，因而得名。花岗岩不易风化，颜色美观，外观色泽可保持百年以上，由于其硬度高、耐磨损，除了用作高级建筑装饰工程、大厅地面外，还是露天雕刻的首选之材。

延伸阅读

长柄双花木的保护价值

双花木系孑遗的单种属植物。本种原变种产于日本，本变种为中国-日本植物区系的替代种，对探索植物系统发育和东亚植物地理方面具有一定的科学意义。双花木属仅双花木一种，产于日本南部山区，长柄双花木是它的变种，产

于中国南岭山地。目前，由于产地森林的砍伐破坏，长柄双花木不仅个体数量越来越少，而且适于其生存的区域也日渐狭窄，已成为濒危物种。

●棕背杜鹃

棕背杜鹃高1.5～4米；幼枝直径7～8毫米，密被淡棕红色棉毛状绒毛，常混生红色短柄腺体。叶厚革质，长圆形或宽披针形，长7～14厘米，宽2～3.5厘米，先端急尖或短渐尖，基部钝或圆形或呈浅心形，边缘反卷，上面除中脉槽内有残存的毛外，其余无毛，微具皱纹，侧脉13～15对，略下凹，下面有两层毛被，上层毛被厚，棉毛状，由淡棕色的分枝毛组成，下层毛被薄，灰白色，紧密，中脉凸起，被毛，侧脉隐藏于毛被内；叶柄长1～1.5厘米，密被淡棕色棉毛状绒毛。顶生总状伞形花序，有花10～15朵，总轴长1～1.8厘米，疏被丛卷柔毛和短柄腺体；花梗长1.5～2厘米，疏被丛卷柔毛和短柄腺体；花萼小，杯状，长约1毫米，裂片5，近于圆形，外面疏被丛卷毛，边缘具腺头睫毛；花冠漏斗状钟形，长3.5～4厘米，白色至粉红色，筒部上方具深红色斑点，内面近基部具紫红色斑和白色短柔毛，裂片5，近于圆形，长约1.4厘米，宽2厘米，顶端具深缺；雄蕊10，不等长，长1.2～2.2厘米，花丝向基部略扩展，密被白色微柔毛，花药椭圆形，黄棕色，长2毫米；雌蕊比花冠短，比雄蕊长；子房卵状圆锥形，紫黑色，长6毫米，密被短柄腺体，花柱淡黄绿色，无毛亦无腺体，柱头小，具裂片。蒴果圆柱形，长1～1.5厘米，直径约4毫米。花期6-7月，果期9-10月。

棕背杜鹃分布区气候冷凉，年平均温度8℃～13℃，极端最高温度约25℃，冬季长，常为冰雪所覆盖，极端最低温度为-17℃～-25℃，云雾多，湿度大，雨量充沛，年降水量在1 500毫米以上。

土壤为棕壤—漂灰土。大多见于冷杉杜鹃林和亚高山针阔混交林中，有些地方在山脊山顶也有小片分布。

4-6月间盛花，10～11月果熟；第二年的花蕾于当年7-8月间形成，冬季叶常下垂，进入休眠期。

棕背杜鹃分布于云南西北部大理、剑川、丽江、维西、中甸、德钦及四川西南部木里等地。生于海拔2 800～3 900米的山地林中。

知识点

休 眠 期

植物体或其器官在发育的过程中，生长和代谢出现暂时停顿的时期。通常是由内部生理原因决定的，种子、茎、芽都可处于休眠状态。植物体或其器官具有一定的休眠期，是有其意义的，特别是生活在冷、热、干、湿季节性变化很大的气候条件下，能使植物体度过不良环境。对于一些植物，如马铃薯、洋葱、大蒜，用人工方法，延长其休眠期，则有利于贮存。但种子的休眠期过长又会影响农业生产，因此需要用不同方法，解除种子休眠，以保证适时播种，不误农时。

延伸阅读

杜 鹃 花

杜鹃花，中国十大名花之一。在所有观赏花木之中，称得上花、叶兼美，地栽、盆栽皆宜，用途最为广泛。白居易赞曰："闲折二枝持在手，细看不似人间有，花中此物是西施，鞭蓉芍药皆嫫母。"在世界杜鹃花的自然分布中，种类之多、数量之巨，没有一个能与中国杜鹃花匹敌，中国，乃世界杜鹃花资源的宝库。今江西、安徽、贵州以杜鹃为省花，定为市花的城市多达七八个。

杜鹃花

●蒙古扁桃 ————————————————————————————

落叶灌木，高12米；树皮灰褐色至紫红色，具光泽；多分枝，小枝顶端变成刺；嫩枝红褐色，被短柔毛。叶宽椭圆形、近圆形或倒卵形，长5～15毫米，宽4～10毫米，两面无毛，边缘有浅钝锯齿，侧脉约4对；叶柄长2～5毫米；托叶线状披针形。花先叶开放，常单生，稀数朵簇生于短枝上，花梗极短；花萼外面无毛，萼筒钟形，萼齿长圆形；花瓣倒卵形，粉红色；雄蕊长短不一；子房及花柱被短柔毛，花柱几与雄蕊近等长。核果宽卵球形，长12～15毫米，直径约10毫米，顶端具急尖头，外面密被短柔毛，果皮黄绿色或带红晕，果肉薄而干燥，成熟时常沿一侧开裂；核卵圆形，长8～13毫米，基部两侧不对称，腹缝压扁，具浅沟纹，棱背极窄；种仁宽扁卵圆形，浅棕褐色。

蒙古扁桃分布于内蒙古、甘肃河西走廊及宁夏等地，是耐旱的小灌木，其种仁可食用及药用，长期以来被人们采集果实和当作燃料，牲畜亦喜啃食其果实，因而遭受破坏，分布范围日益缩减，植株数量逐渐减少。在部分地区，由于生态环境日趋恶劣，影响其生长发育，开花结果甚少，天然更新困难。

蒙古扁桃的分布区属于大陆性气候，空气干燥，最高温度可达40℃，最低温度达-32℃，年降水量为50～300毫米，多集中在6-8月。土壤自西至东为灰棕荒漠土、棕钙土和淡栗钙土。蒙古扁桃为喜光树种，根系发达，有耐旱、耐寒和耐瘠薄的特性。生于荒漠和荒漠草原区的山地、丘陵、石质坡地、山前洪积平原及干河床等地，常沿着径流线呈窄带状生长。在水分及土壤条件较好的地区，生长、结果及天然更新情况良好。伴生植物主要有旱榆、黄刺玫、锦鸡儿、珍珠猪毛菜、红沙等。花期4月下旬至5月上旬，果期7-8月。

📜 知识点

大陆性气候

大陆性气候通常指处于中纬度大陆腹地的气候，一般也就是指温带大陆性气候。在大陆内部，海洋的影响很弱，大陆性显著。内陆沙漠是典型的大陆性气候地区。草原和沙漠是典型的大陆性气候自然景观。

延伸阅读

蒙古扁桃的保护价值

蒙古扁桃对研究亚洲中部干旱地区植物区系有一定的科学价值。为主要的木本油料树种之一，种仁含油率约为40%，其油可供食用，种仁可代郁李仁入药。可作核果类果树的砧木和干旱地区的水土保持植物。蒙古扁桃自然居群的传粉昆虫进行了观察，用重力玻片法检测。结果表明风媒导致的异株传粉作用可以忽略；蒙古扁桃花散布的气味、花蜜在诱导昆虫传粉中起主要作用；共发现访花昆虫17种，主要包括蜂类、蝇类、蝶类，以蜂类为主；昆虫访花频率与开花习性有关，访问者偏爱访问处于盛花期的花；蒙古扁桃趋向于虫媒的异花授粉，但缺乏忠实的传粉者。

●海南巴豆

落叶或半落叶灌木，高3～5米；幼枝及嫩叶两面被星状柔毛。叶纸质，倒卵形、长圆状倒卵形或倒披针形，稀椭圆形，长4～12厘米，宽1.5～4.5厘米，顶端圆钝或急尖，基部渐狭，边缘有不规则疏细齿和腺体，侧脉5～8对，通常叶背最下的1对侧脉上着生无柄的杯形腺体；叶柄长5～10毫米，被星状毛；托叶钻形，早落。花雌雄同株；总状花序长3～10厘米；雌花着生在花序轴的下部，雄花位于上部，有时整个花序全为雄花；雄花花萼裂片卵形，花瓣与花萼等长，长圆形，雄蕊10枚；雌花花萼裂片三角形，子房球形，花柱自基部2裂。蒴果近球形，被星状毛；种子椭圆形，腹面略扁，长约7毫米。

海南巴豆分布区处于海南的背风区，气候干热，全年皆夏，只分干湿二季，年平均温度24℃～25℃，年降水量1 200～1 400毫米，属半干燥的气候型。土壤为砖红壤和赤红壤。为阳性树种，幼苗期稍耐阴，长成后需要充足的阳光，能耐干旱贫瘠的生境。海南巴豆为季雨林成分，在密林中生长较慢；在疏林和灌丛中，长势旺盛，结实较多，天然下种更新和萌芽力强。花期3-4月，果期6-7月。

主要分布于海南西部儋县、昌江、东方、乐东、白沙至南部崖县和陵水等县。生于海拔600米以下低山丘陵的荒坡及疏林中。

知识点

昌 江

　　中国芒果之乡——昌江黎族自治县位于海南省的西北部，依山面海。县人民政府驻石碌镇，距省会海口市196千米，距洋浦开发区100千米，距三亚220千米，距八所港50千米。县内公路四通八达，海榆西线公路、环岛高速公路、粤海铁路贯穿全境，水利、电力、通讯等基础设施完善。昌江属典型的热带季风气候区，年平均气温24.3℃，全年无冬，四季如春，日照充足，年平均降水量为1 676毫米，生态环境好，土地肥沃，水源充足，发展名特优水果、反季节瓜菜等热带高效农业具有得天独厚的条件。

延伸阅读

巴豆采收加工

　　种植5～6年后即可结果。每年于8-11月，分批采收，摊放2～3天，使种子后熟，然后晒干或烤干，打破果壳，簸净果壳及杂物即得巴豆。

　　炮制：炮制时宜慎，注意防护。

　　巴豆仁：先捡去杂质，用黏稠的米汤或面汤浸拌，拌匀后取出，放在簸箕或筛中，置日光下曝晒或用火烘烤至开裂时为止，搓去皮，簸去屑，取净仁晒干。

　　巴豆霜：取净巴豆仁碾成细末或捣烂如泥，用吸油纸包裹，外包纱布，进行压榨去油，如此反复2～3次，至榨净油为度，取出，碾细，过筛。

面临灭绝的蕨类植物

> 蕨类植物是最原始的植物之一，是高等植物中比较低级的一门，但是它们对于人类的作用不可小觑。它们可以药用，可以食用，甚至可以做绿肥和饲料之用。渐渐地，人们开发出来许多观赏蕨，这些奇特的观赏蕨又为美化人类的家居环境出了一份力。
>
> 现在存在的珍稀蕨类大部分都被列为了国家级保护植物，被人们精心地保护起来，即使这样，也阻挡不了珍惜野生蕨类的灭绝。

● 中国蕨

中国蕨科水龙骨目中国蕨科中国蕨属的1种，小型旱生蕨类，仅产于云南西部和四川西南部，生于裸露的干旱岩石上。

多年生草本，植株高18～25厘米；根状茎短而直立，密被鳞片；鳞片披针形，栗黑色，有棕色狭边，全缘。叶簇生，叶柄长10～18厘米，亮栗黑色，下部疏被鳞片；叶片五角形，长宽近相等，约7～10厘米，近三等裂；中央羽片最大，长6～9厘米，中部宽3～4.5厘米，长圆状披针形，先端短渐尖，基部突然收缩成三角状耳形，并呈楔形下延而与侧生一对羽片相连，羽状深裂；侧生羽片三角形，长3.5～6厘米，不对称的二回羽裂，

小叶中国蕨

羽轴上侧的裂片较下侧的为短，全缘；下侧基部一裂片特长，约3～4.5厘米，宽1～1.5厘米，羽状深裂达小羽轴的狭翅，向上的裂片全缘或有一二粗齿；

叶脉在末回裂片上羽状分叉，下面精凸，栗色，彼此接近而成瓦楞形，上面略下凹；叶干后革质，褐绿色，上面光滑，下面被腺体，分泌白色蜡质粉末。孢子囊球形，几无柄，有极阔的环带；通常单一，生于小脉顶端；囊群盖线形，同部分变质的叶边反折而成，灰棕色，边缘有粗齿；孢子圆形，表面具颗粒状纹饰。

本种分布区的气候属于西部亚热带的高原季风类型，有焚风而形成干热气候，雨量少（仅600～700毫米）。土壤大都为红褐土或石灰岩风化的石灰土，土层瘠薄，石粒多，地表裸露。在冬春漫长的缺水季节，中国蕨的叶片常卷缩成拳，当雨季来后又伸展成正常状态。孢子囊于4-5月形成，孢子成熟于9-10月。

知识点

焚风

焚风往往以阵风形式出现，从山上沿山坡向下吹。焚风这个名称来自拉丁语，意思为温暖的西风，最早主要用来指越过阿尔卑斯山后在德国、奥地利谷地变得干热的气流。焚风现象是由于湿空气越过山脉，在山脉背风坡一侧下沉时增温，使气团变得又干又热。因而气团所经之地湿度明显下降，气温也会迅速升高。

延伸阅读

金星蕨

金星蕨，金星蕨科的一种。分布于中国长江以南；朝鲜、日本及中南半岛。根状茎细长横走，植株遍体密生灰白色针状毛，叶片二回羽状深裂，羽片披针形，基部的不缩短，下面除短针毛外满布橙色球形腺体。孢子囊群生裂片的侧脉近顶处，被有灰白色刚毛的圆肾形囊群盖。

金星蕨科是薄囊蕨纲中世界广泛分布的大科之一。最早作为广义的鳞毛蕨属成员。1936年中国蕨类学家秦仁昌第一次在研究鳞毛蕨属过程中，将金星蕨属和少数占它相近的属分出来，并于1940年建立金星蕨科。但这个科内的属的划分意见不一。

●荷叶铁线蕨

又名荷叶金钱草，仅发现于四川万县和石柱县局部地区。多年生蕨类，高5～20厘米。根状茎短而直立。叶椭圆肾形，宽2～6厘米，上面深绿色，光滑并有1～3个同环纹，下面疏被棕色的长柔毛，叶缘具圆锯齿，长孢子叶的叶片边缘反卷成假囊群盖。孢子囊群长圆形或短线形，生于叶缘，中国特有变种。仅分布于四川万县，生于海拔200余米处温暖、湿润和没有荫蔽的岩石表面的薄土上、石缝或草丛中。本变种是铁线蕨科最原始的类型。在亚洲大陆首次发现。国家二级保护濒危种。

荷叶金钱草

在全世界，荷叶铁线蕨仅断续分布在东起万州区、西至石柱县西沱区沿江近100千米长，向两岸纵深3～5千米的狭长地带内，海拔高程局限于80～430米之间，但在海拔170～250米之间较为集中。万州新乡、小论山和杉树坪一带是荷叶铁线蕨的集中分布区，面积约25平方千米；大多数分布点位于河沟边西南坡向的崖壁或灌丛中。荷叶铁线蕨是三峡库区特产植物。

通常情况下，荷叶铁线蕨生于温暖、湿润和没有荫蔽的薄土上、石缝或草丛中。光照和空气湿度对其生长非常重要；铁线蕨喜阴怕光，它在强光下不能顺利生长，铁线蕨性喜温暖阴湿环境，既不耐寒，也不耐旱，喜欢酸性土壤。其所在群落主要有：化香—槲栎—芒群落、盐肤木—鸢尾群落、水麻—细穗腹水草群落和黄荆条—海金沙群落；在群落中处于伴生地位，因其植株很小，常躲在其他植物之下，一定要等到这些植物都不再生长了，它才慢慢生长。荷叶铁线蕨通常在早春发叶，7月后形成孢子囊群，8-9月孢子陆续成熟。

由于铁线蕨分布区狭窄，种群数量少，在自身的基因源和生态环境改变的综合作用下，居群更是迅速缩小，进而导致近交率加大。和其他蕨类植物一样，它的孢子成熟后从孢子囊内以特种机制被散布出来，落地后需在适宜的条件下才能

萌发生成新株。但由于人类活动加剧了对森林的破坏，空气湿度降低，地下水位下降，原有生态环境改变，其赖以生存的环境不复存在，同时，过分宣传其药用价值，过度采掘，而不强调保护的重要。所有这一切，均使荷叶铁线蕨处于灭绝的边缘。1984年，由当时的国家环境保护局、中国科学院植物研究所发布的《中国植物红皮书》将其列为二级稀有濒危植物，1996年在国务院发布的《中华人民共和国野生植物保护条例》中，它已被列为国家一级保护野生植物。对于荷叶铁线蕨，人们对其认识还非常有限，目前已在分布相对集中的区域建立了定位研究站，对其生态学、生物学进行定位监测研究，重点研究种群动态、生长环境、繁殖适应能力等。

三峡库区蓄水后，有关部门已对外界广泛关注的荷叶铁线蕨进行了易地保护，在重庆市万州区建立了荷叶铁线蕨物种保护点，禁止采挖，并采用分枝或孢子繁殖技术，进行人工栽培，在云南等地也进行引种栽培。所有这些都取得了一定成效。

知识点

孢　子

孢子是无性生殖细胞。不管是有性生殖还是无性生殖，都有两种情况：

1.没有专门生殖细胞。如无性生殖中的分裂生殖、出芽生殖或营养繁殖；有性生殖中的结合生殖。水绵进行结合生殖的时候并不是产生专门的生殖细胞，完全就是普通的体细胞进行两两融合的。

2.有专门的生殖细胞。如无性生殖中的孢子生殖；有性生殖中的配子生殖。

总之，只要是专门生殖的细胞，正常情况下不需要两两结合就可以单个细胞发育成一个个体，这就是孢子。

孢子是生物所产生的一种有繁殖或休眠作用的细胞，能直接发育成新个体。孢子一般微小，单细胞。由于它的性状不同，发生过程和结构的差异而有种种名称。生物通过无性生殖产生的孢子叫"无性孢子"，如分生孢子、孢囊孢子、游动孢子等；通过有性生殖产生的孢子叫"有性孢子"，如接合孢子、卵孢子、子囊孢子、担孢子等；直接由营养细胞通过细胞壁加厚和积贮养料而能抵抗不良环境条件的孢子叫"厚垣孢子"、"休眠孢子"等。孢子有性别差异时，两性孢子有同形和异形之分。前者大小相同；后者在大小上有区别，分别称大、小孢子，并分别发育成雌、雄配子体，这在高等植物较为多见。

延伸阅读

铁线蕨的生物价值

　　作为与恐龙同时代的远古生物，荷叶铁线蕨为铁线蕨科最原始的类型，在此之前，整个亚洲发现的铁线蕨全部为复叶类型。它是肾叶铁线蕨的一个地理变型种，为亚洲铁线蕨科植物中唯一的单叶型植物。单叶型铁线蕨在世界范围内为数不多，只有1种肾叶铁线蕨（产于大西洋上的亚速尔群岛）和2变种，即荷叶铁线蕨与细辛叶铁线蕨（产于非洲大陆南部及印度洋的马达加斯加、毛里求斯岛）。然而，二者差异又很大，肾叶铁线蕨植物体粗壮，鳞片褐棕色、不透明，叶厚革质，自叶柄至叶片两面均密被细长并交织在一起的白色柔毛，这些方面都完全不同于荷叶铁线蕨。

　　中国变种荷叶铁线蕨在亚洲大陆仅见于三峡，为研究中国和非洲蕨类间断分布的关系提供了很好的材料。在研究该种的亲缘关系、植物区系、地理分布方面均有重大的价值，科学家公认它是印证大陆漂移学说的有力证据之一。

　　除此之外，荷叶铁线蕨还具有重要的药用价值。据《本草纲目》记载，其味淡、微苦，入肝、膀胱二经。具"消热解毒，利尿通淋"的药效，近年来，重庆万州一些民间人士称其为治疗黄疸型肝炎的特效药。

铁线蕨

●光叶蕨-----------------------------

光叶蕨，国家一级重点保护野生植物。

多年生草木，高40厘米左右，根状茎粗短，横卧，仅先端及叶柄基部略被一两枚深棕色披针形小鳞片。叶密生，叶柄短，长5～7厘米，基部褐棕形小鳞片。叶密生，叶柄短，长5～7厘米，基部褐棕色，向上为禾秆色，光滑，上面有一条纵沟直达叶轴；叶片长30～35厘米，宽5～8厘米，披针形，向两端渐变狭，二回羽裂；羽片30对左右，近对生，平展，无柄，下部多对向下逐渐缩短，基部一对最小，长6～12柄，三角状犷，钝头；中部羽片长2.5～4厘米，宽8～10毫米，披针形，渐尖头，基部不对称，上侧较下侧为宽，截形，与叶并行，下侧楔形，羽状深裂达羽轴两侧的狭翅；裂片10对左右，长圆形，钝头，顶缘有疏圆齿，或两侧略反卷而为全缘；叶脉在裂片上羽状，3～5对，上先出，斜向上；叶坚纸质，干时褐绿色，光滑。孢子囊群圆形，仅生于裂片基部的上侧小脉，每裂片一枚，沿羽两侧各1行，靠近羽轴，通常羽轴下侧下部的裂片不育；囊群盖扁圆形，灰绿色，薄膜质，半下位；孢子卵圆形，不透明，表面被刺状纹饰。

光叶蕨常见的繁殖方法有孢子繁殖、分株繁殖和组织培养等几种方法，其中小面积生产可采用分株法，规模化生产通常采用组织培养。分株繁殖一般于春季结合换盆时进行。把植株从盆中倒出，根据需要将一株分成数株，每株带有根和叶。分株时要小心，切勿损伤生长点，尽量保留根部原有的土壤，剪掉衰老和损伤的叶和根，按原来定植的深度栽植。分株繁殖无严格的季节要求，一年四季皆可进行。要求土壤富含有机质，疏松透水，微酸性（pH值5.5～6.0）。基质一般以泥炭土、腐叶土、珍珠岩或粗沙按2：1：1的比例配制，或腐熟的堆肥、粗沙或珍珠岩按1：1的比例配制。

分布于四川天全二郎山鸳鸯岩至团牛坪。本种1963年采自四川天全二郎山团牛坪，1984年再度前往该地时，发现由于森林采伐，生态环境完全改变，该种仅极少数存于灌丛下，陷于灭绝境地。

知识点

组织培养

广义上又叫离体培养，指从植物体分离出符合需要的组织，器官或细胞，原生质体等，通过无菌操作，在人工控制条件下进行培养以获得再生的完整植株或生产具有经济价值的其他产品的技术。

狭义上是指用植物各部分组织，如形成层，薄壁组织，叶肉组织，胚乳等进行培养获得再生植株，也指在培养过程中从各器官上产生愈伤组织的培养，愈伤组织经过再分化形成再生植物。

延伸阅读

光叶蕨的栽培要点

不同生长期对光线的要求不同。生长初期要防止光照过强，多遮阴。休眠期要放在光线充足处。植物喜反射光、散射光。光线不足，则植株徒长，显得衰弱或萎蔫。喜潮湿，对土壤温度和空气湿度要求较高，生长期要每天浇水并进行叶面喷水，以保持湿度。发现植株因缺水而凋萎时，要立即将盆浸入清水中，对植株喷雾。缺水不严重，几小时后即可恢复。若24小时内仍未恢复，需将萎蔫的叶子全部剪去，可能会重新萌发新叶。浇水最好在早晨进行，特别是叶片裂片细的品种。晚间浇水，水滴滞留在叶隙间，蒸发慢，易引起叶部病害。喜温和气候，一般15℃～21℃比较适宜。可适应的最低温度为10℃，而温度在28℃以上时生长不佳。在夏季需多通风。通风时要注意水分供给，使环境中空气新鲜且不干燥。幼苗期应避免"穿堂风"。不宜施重肥。栽植时，基质中可加入基肥。生长期内可追施液肥，浓度不超过1%，直接撒施，最多每周一次。充足的氮肥会使植物生长旺盛，不足会使植株老叶呈灰绿色并逐渐变黄，叶片细小。施肥应薄施、勤施，根据需要进行叶面喷施。

●玉龙蕨

多年生草本植物，根状茎短，直立或斜升。主要生长在高山冻荒漠带，常见于冰川边缘或雪线附近，在碎石和隙间零星散生。暖季(7~8月)地表解冻后可短期迅速生长。为中国特产种，有重要的研究价值。

玉龙蕨高10~30厘米；根状茎短而直立或斜升，连同叶柄和叶轴密被覆瓦状鳞片；鳞片大，卵状披针形，棕色或老时苍白色，边缘具细锯齿状毛。叶片线状披针形，具短柄，一回羽状或二回羽裂；羽片卵状三角形或三角状披针形，钝头，基部圆截形，几无柄，边缘常向下反卷，两面密被小鳞片，鳞片披针形，长渐尖头，边缘具细齿状长毛。孢子囊群圆形，在主脉两侧各排成一行。

本种主要分布在高山冻荒漠带，由于强烈的寒冻和物理风化作用，地形多为裸岩，峭壁和碎石构成流石滩，即高山冰川下延的地段。高山热量不足，辐射强烈，风力强劲，昼夜温差大，气候严寒恶劣。流石滩常处在冰雪覆盖和冰冻状态，仅有短暂的暖季（7-8月），当地表解冻消融后，在碎石和隙间零星散生的玉龙蕨才茁壮成长。

玉龙蕨

🖋 知识点

雪 线

雪线，常年积雪的下界，即年降雪量与年消融量相等的平衡线。雪线以上年降雪量大于年消融量，降雪逐年加积，形成常年积雪（或称万年积雪），进而变成粒雪和冰川冰，发育冰川。雪线是一种气候标志线。其分布高度主要决定于气温、降水量和地形条件。高度从低纬向高纬地区降低，反映了气温的影响。

📚 延伸阅读

玉龙蕨的命名

玉龙蕨属于鳞毛蕨科，是中国特产的珍稀蕨类植物，仅产于西藏东部波密，云南西北部丽江、中甸，四川西南部木里、稻城海拔4 000米以上的高山上。该种1884年在丽江玉龙雪山的雪线附近被首次发现，其种名的意思就是"冰雪中生的"。玉龙蕨是中国产蕨类植物中最耐寒的种类之一。

●鹿角蕨

鹿角蕨又名麋角蕨、蝙蝠蕨、鹿角羊齿，为水龙骨科鹿角蕨属植物，属于附生性观赏蕨。

多年生附生草本，根状茎肉质，短而横卧，有淡棕色鳞片。叶2列、二型，基生叶（腐殖叶）厚革质，直立或下垂，无柄，贴生于树干上，长25～35厘米，宽15～18厘米，先端截形，不整齐3～5次叉裂，裂片近等长，全缘，两面疏被星状毛，初时绿色，不久枯萎，褐色，宿存；能育叶常成对生长，下垂，灰绿色，长25～70厘米，分裂成不等大的3枚主裂片，基部楔形，下延，几无柄，内侧裂片最大，多次分叉成狭裂片，中裂片较小，两者均能育，外侧裂片最小，不育，裂片全缘，通体被灰白色星状毛，叶脉粗突。孢子囊散生于主裂片的第一次分叉的凹缺处以下，不到基部，初时绿色，后变黄色，密被灰白色

星状毛，成熟孢子绿色。

鹿角蕨多分布区为热带季风气候，炎热多雨。年平均温度22.6℃，1月平均温度15℃～17℃，极端最低温度不低于5℃，极端最高温度39.5℃；年降水量约2000毫米，相对湿度不低于80%。常附生在以毛麻楝、楹树、垂枝榕等为主体的季雨林树干和枝条上，也可附生在林缘、疏林的树干或枯立木上。鹿角蕨以腐殖叶聚积落叶、尘土等物质作营养。雨季开始，在短茎顶端上长出新的腐殖叶及能育叶各2片。上一年的腐殖叶在当年就枯萎腐烂，而能育叶至第二年春季才逐渐干枯脱落。

鹿角蕨系新分布于我国的稀有植物，分布范围极为狭窄。它在我国的出现，对研究蕨类植物区系有科学意义。其植株形态奇异美丽，可栽培供观赏。

云南盈江那邦坝已规划为自然保护区，我国应从速建立保护机构，开展保护工作。目前少量植株已从产区移植到昆明植物园温室中的枯木林，已栽培成活，生长正常。中国科学院昆明植物研究所热带植物园引入西双版纳勐仑栽培，也生长良好。

鹿角蕨

知识点

热带季风

热带季风气候分布于北纬10°~25°之间的大陆东岸。海陆热力性质差异形成冬季风，来自蒙古—西伯利亚高压的冷气团在南下过程中，受地转偏向力影响右偏为东北季风，在逐渐南下的过程中逐渐升温，升温后这股冬季风高温干燥，吹过东南亚，形成热带季风气候。

延伸阅读

鹿角蕨栽培要点

鹿角蕨喜温暖、潮湿和半阴的环境。要培养好鹿角蕨，需注意以下几点：

1. 栽植盆

鹿角蕨应在特制的盆钵内（即盆壁上钻若干圆形小孔，每个小孔直径均为3~5毫米）栽时先用新鲜棕榈皮将盆壁及盆底的孔口空隙填好，再放入腐叶土、褐泥炭土及稍湿锯木屑，然后将植株栽入盆内浇透水，放阴凉处。也可用少量的蕨根、苔藓或腐叶土加腐熟饼肥作基质，将植株绑扎在带树皮的一段茎秆上，悬挂于阴湿处。待植株恢复生长后，再悬挂在能见到散射光的天花板下或书架上。要尽量避免用手触摸鹿角蕨，否则其叶面的白色绒毛易脱落。

2. 肥水

生长旺季要多浇水并经常喷水，保持较高的空气湿度。每月施1~2次稀薄饼肥水或氮钾混合化肥。冬季要控制浇水量。

3. 温度

鹿角蕨的生长适温为20℃~25℃，冬季室温不能低于10℃。

4. 光照

鹿角蕨怕强光照射，要避免强光直射或干燥风吹袭。在室外养护应置于树荫或荫棚下，同时要注意经常向叶面喷水。

●扇　蕨 ————————————————————————

　　扇蕨为中国珍稀特产，因其量极少被列为国家三级保护植物。渐危种。分布于中国西南地区亚热带山地林下，随着森林的砍伐，分布区日益缩减。

　　多年生草本，植株高达75厘米；根状茎粗而横走，密被鳞片；鳞片棕色，卵状披针形，先端长渐尖，边缘有细齿，覆瓦状排列，叶远生，柄长30～50厘米，无毛，基部关节不明显；叶片扇形，鸟足状分裂，裂片披针形，全缘，中央的长10～30厘米，宽2.5～3厘米，两侧的向外渐缩短；叶纸质，绿色，上面光滑，下面疏生棕色小鳞片，叶脉网状，主脉隆起，细脉连结成六角形网眼，并有分枝的内藏小脉。孢子囊群圆形或长圆形，生于裂片下部紧靠主脉。

　　扇蕨分布区受西南季风影响，气候为冬无严寒，夏无酷暑，干湿季节交替明显，年平均温度15℃左右，1月平均温度约8℃，7月平均温度约20℃，年降水量1000毫米左右，昼夜以及晴雨天之间温差较大，一般相差10℃～15℃。土壤多为石灰岩风化形成的黑色石灰土，红色石灰土，或为酸性母岩风化形成的褐红壤，有较厚的腐殖质层。扇蕨喜阴耐湿，生于常绿阔叶林及针阔混交林下或沟谷地段。孢子秋冬季成熟。

　　分布于四川西部至西南部芦山、九龙、木里、甘洛、越西、西昌、米易及南部古蔺，云南西北部丽江、大理，中部昆明、弥勒、易门、双柏、富民、武定、寻甸、曲靖、大姚，北部永仁，东北部昭通及东南部屏边，贵州西南部册亨、兴义、兴仁、盘县。多生于海拔2 000～2 700米山地林下及沟谷石灰岩地段。

　　扇蕨是我国特产的珍奇蕨类植物之一，在蕨类植物分类研究方面有学术价值，早已引起世界学者的注意。扇蕨根茎可入药。

　　在扇蕨集中的地带，应建立扇蕨保护点，由林业部门负责保护，严禁采挖制药和砍伐上层林木。

知识点

气 候

气候是长时间内气象要素和天气现象的平均或统计状态，时间尺度为月、季、年、数年到数百年以上。气候以冷、暖、干、湿这些特征来衡量，通常由某一时期的平均值和离差值表征。气候的形成主要是由于热量的变化而引起的。

延伸阅读

书 带 蕨

多年生附生或石生草本。根茎短而横走，密被鳞片；鳞片狭披针形，黑褐色；须根细密。叶丛生，无柄或几无柄；叶片线形，长30～40厘米，宽3～8毫米，先端渐尖，基部长渐狭，全缘，革质，中脉在叶上面凹下为狭沟，在下面稍隆起，叶缘稍反卷。孢子囊群线形，深陷叶肉中，沿叶边缘以里的沟内着生，沟的内沿隆起，子囊群内有隔丝存在。

生于阴暗处岩石上或附生大树上。分布华东、华南、西南等地。

● 对开蕨 ————————————————————————————————

对开蕨是生长在长白山森林中的一种草本植物，由于森林砍伐，生态环境破坏，对开蕨的生存受到严重威胁，现已被定为国家二级保护植物。

对开蕨的叶形典雅可爱，有观赏价值，适合于园林引种。翻转叶的背面，可以发现沿叶的中脉有两列淡棕色排列整齐的线形孢子囊群，由此可以判断是蕨类植物，植物学家把它归属于铁角蕨科，取名为对开蕨。它的发现引起众多学者的关注，原来铁角蕨科对开蕨属在中国从未见过，它的出现打破了该属在中国分布的新纪录，为植物地理区系研究增添了一份有意义的研究材料。

对开蕨是多年生草本；根状茎粗短，横卧或斜升。叶近生；叶柄长10～20厘

米，粗2～3毫米，棕禾秆色，连同叶轴疏被鳞片，鳞片淡棕色，长8～11毫米，宽约1毫米，线状披针形，全缘；叶片长15～45厘米，宽3.5～5厘米，阔披针形或线状披针形，先端短渐，基部略变狭，深心形两侧圆耳状下垂，中肋明显，上面略下凹，下面隆起，与叶柄同色，侧脉不明显，二回二叉，从中肋向两侧平展，顶端有膨大的水囊，不达叶缘；鲜叶稍呈肉质，干后薄纸质，上面绝色，光滑，下面淡黄绿色，疏生淡棕色小鳞片。孢子囊群成对地生于每两组侧脉的相邻小脉的一侧，通常仅分布于叶片中部以上，叶片下部不育；囊群盖线形，膜质，淡棕色，全缘，两端略弯向叶肉，并和相邻的一条靠合，成对地相向开口，形如长梭状；孢子圆肾形，周壁具网状褶皱，表面具小刺状纹饰。

对开蕨分布于我国吉林省长白朝鲜族自治县、集安、抚松及桦甸等地。生于海拔700～750米的阔叶林中。俄罗斯、朝鲜、日本也有分布。生态学和生物学特性：对开蕨分布区的气候温凉，潮湿，年平均温度6.2℃，年降水量946毫米。土壤呈酸性反应，暗棕色森林土。生于山地落叶阔叶林下的腐殖质层中，具有喜阴、喜湿等特点。

知识点

孢 子 囊

孢子囊是植物或真菌制造并容纳孢子的组织。孢子囊会出现在被子植物门、裸子植物门、蕨类植物门、蕨类相关、苔藓植物、藻类和真菌等生物上。

延伸阅读

对开蕨的观赏应用

对开蕨是近年来中国发现的新记录种。它的发展，填补了对开蕨属在中国地理分布上的空白。

因此，在研究植物地理学、植物区系学等方面具有一定的价值。同时，对开蕨叶形奇特，颇为耐寒，雪中亦绿叶葱葱，是一种珍贵的观赏植物。园林用途：对开蕨形状独特优雅，色彩鲜艳，四季青翠，为流行于欧美的著名观叶植物，是国家二级保护植物。

●笔筒树

笔筒树为树形蕨类植物。

茎直立，高可达10米，胸径10～15厘米，基部密被交织的不定根，向上有清晰的叶痕，顶部残存少量宿存的叶柄。叶螺旋状排列于茎顶端；茎端、拳卷叶及叶柄基部密被鳞片和糠秕状鳞毛；鳞片灰白色至淡棕色，线状披针形，渐尖头，先端和边缘具褐棕色刚毛；叶柄长40～50厘米，通常棕禾秆色，连同叶轴、羽轴具小瘤状突起，被白霜，在背面两侧各具一条不连续的淡绿色的气孔线，向上直达叶轴；叶片大，长矩圆形，长1.5～2.7米，宽0.6～0.8米，三回羽深裂；羽片16～22对，互生，基部一对缩短，长约35～40厘米，中部羽片长50～80厘米，宽20～26厘米，长矩圆形，二回羽状深裂；小羽片26～28对，互生，基部一对稍缩短，中部的长10～15厘米，宽1.5～2.2厘米，披针形，先端尾状渐尖，基部平截，无柄或具短柄，羽状深裂；裂片20～26对，稍斜展，下部几对裂片分离，以狭翅与小羽轴相连，中部的长1～1.3厘米，宽3～4毫米，镰状披针形，圆钝头，钱缘；叶脉在裂片上羽状分叉，基部下侧一组出自小羽轴；叶片厚纸质，上面绿色，下面灰绿色；羽轴、小羽

笔筒树

轴上面有沟，被淡黄色弯曲毛；下面密被卵状至卵状披针形小鳞片和针状硬毛。孢子囊群生侧脉分叉处，具隔丝，囊托突起，囊群盖特化为简单的鳞毛状。

笔筒树树形美丽，高大挺拔，树冠犹如巨伞，是蕨类植物中少有的种类，是一种很有价值的园艺观赏植物。大陆目前发现数量有限的几株，对研究大陆与台湾植物区系的关系有一定的意义。

知识点

气 孔

狭义上常把保卫细胞之间形成的凸透镜状的小孔称为气孔。保卫细胞区别于表皮细胞是结构中含有叶绿体，只是体积较小，数目也较少，片层结构发育不良，但能进行光合作用合成糖类物质。有时也伴有与保卫细胞相邻的2～4个副卫细胞。把这些细胞包括在内是广义的气孔（或气孔器）。紧接气孔下面有宽的细胞间隙（气室）。气孔在碳同化、呼吸、蒸腾作用等气体代谢中，成为空气和水蒸气的通路，其通过量是由保卫细胞的开闭作用来调节，在生理上具有重要的意义。

延伸阅读

蕨 菜

蕨菜又叫拳头菜、猫爪、龙头菜，属于凤尾蕨科。喜生于浅山区向阳地块，多分布于稀疏针阔混交林。其食用部分是未展开的幼嫩叶芽。蕨菜野生在林间、山野、松林内，是无任何污染的绿色野菜，不但富含人体需要的多种维生素，还有清肠健胃，舒筋活络等功效。蕨

蕨 菜

菜食用前经沸水烫后，再浸入凉水中除去异味，便可食用。经处理的蕨菜口感清香滑润，再拌以佐料，清凉爽口，是难得的上乘酒菜。还可以炒吃，加工成干菜，做馅、腌渍成罐头等。

●桫　椤

树形蕨类植物。茎直立，高1～6米。胸径10～20厘米，上部有残存的叶柄，向下密被交织的不定根。叶螺旋状排列于茎顶端；茎端和拳卷叶以及叶柄的基部密被鳞片和糠秕状鳞毛，鳞片暗棕色，有光泽，狭披针形，先端呈褐棕色刚毛状，两侧具窄而色淡的啮蚀状薄边；叶柄长30～50厘米，通常棕色或上面较淡，边同时轴和羽轴具刺状突起，背面两侧各具一条不连续的皮孔线，向上延至叶；叶片大，长矩圆形，长1～2米，宽0.4～0.5米，三回羽状深裂；羽片17～20对，互生，基部一对缩短，长约30厘米，中部羽片长40～50厘米，宽14～18厘米，长矩圆形，二回羽状深裂；小羽片18～20对，基部小羽片稍缩短，中部的长9～12厘米，宽1.2～1.6厘米，披针形，先端渐尖而具长尾，基部宽楔形，无柄或具短柄，羽状深裂；裂片18～20对，斜展，基部裂片稍缩短，中部孤长约7毫米，宽约4毫米，镰状披针形，短尖头，边缘具钝齿；叶脉在裂片上羽状公叉，基部下小脉出自中脉的基部；叶纸质，干后绿色，羽轴、小羽轴和中脉上面被糙硬毛，下面被灰白色小鳞片。孢子囊群着生侧脉分叉处，造近中脉，有隔丝，囊托突起，囊群盖球形，膜质。桫椤为半阴性树种，喜温暖潮湿气候，喜生长在冲积土中或山谷溪边林下。

在距今约1.8亿年前，桫椤曾是地球上最繁盛的植物，与恐龙一样，同属"爬行动物"时代的两大标志。但经过漫长的地质变迁，地球上的桫椤大都罹难，只有极少数在被称为"避难所"的地方才能追寻到它的踪影。闽南侨乡南靖县乐主村旁，有一片傻子带邸林。它是中国最小的森林生态系自然保护区。为"世界上稀有的多层次季风性傻子带原始雨林"，在那里有世上珍稀植物桫椤。桫椤名列

中国国家一类八种保护植物之首。新西兰是桫椤产地之一，也是新西兰的国花，被人们所保护着。

本种喜生长在山沟的潮湿坡地和溪边的阳光充足的地方，常数十株或成百株构成优势群落，亦有散生在林缘灌丛之中。桫椤在我国分布很广，从北纬18.5°~30.5°。最北的记录为四川邻水县，该地处四川盆地东部，属亚热带湿润季风气候，受地形影响，气候较同纬度的长江中下游地区偏高2℃~4℃，具有冬暖、春旱、夏热、秋雨、湿度大、云雾多、日照少、干湿季节明显等特点。土壤多为酸性。

本种孢子体生长缓慢，生殖周期较长，孢子萌发和配子体发育以及配子的交配都需要温和而湿润的环境。由于森林植被覆盖面积缩小，现存分布区内生境趋向干燥，致使配子体生殖环节受到严重妨碍，林下幼株稀少。加之茎干可作药用和用来栽培附生兰类，致常被人砍伐，植株日益减少，有的分布点已消失，垂直分布的下限也随植被的缩小而上升。若不进行保护，将会导致分布区缩小，以致于灭绝。

知识点

配　子

配子是指生物进行有性生殖时由生殖系统所产生的成熟性细胞。

配子分为雄配子和雌配子，动物和植物的雌配子通常称为卵细胞，而将雄配子称为精子。精子相当小，但能够运动，呈蝌蚪状进入卵细胞，而卵细胞体积相当大，并且是不可游动的，如海胆的卵细胞体积是精细胞的1万倍。尽管雌雄配子的体积不同，但它们为子代提供的核DNA是等量的，即各提供一套基因组。不过，由于卵细胞的体积大，子代细胞的细胞质结构和细胞质DNA基本都是由卵细胞提供的。

配子在生物计算中占有相当重要的地位，通过遗传图，能够清楚地观察出基因的流程，及子代基因型的情况。

保护桫椤

经历过无数沧桑的桫椤，由于人为砍伐或自然枯死，现存世数量已十分稀少，加之大量森林被破坏，致使桫椤赖以生存的自然环境变得越来越恶劣，自然繁殖越来越困难，桫椤的数量更是越来越少，目前已处于濒危状态。由于桫椤随时有灭绝的危险，更由于桫椤对研究蕨类植物进化和地壳演变有着非常重要的科学意义，所以世界自然保护联盟（IUCN）将桫椤科的全部种类，列入国际濒危物种保护名录（红皮书）中，成为受国际保护的珍稀濒危物种，中国早期公布的保护植物名录，也将桫椤与银杉、水杉、秃杉、望天树、珙桐、人参、金花茶等一道，列为受国家一级保护的珍贵植物（现将桫椤科全部种类列为国家二级保护植物），并在贵州赤水和四川自贡建立了桫椤自然保护区，广东也在五华县建立了旨在保护桫椤的七目嶂自然保护区。

桫 椤

岌岌可危的草本植物

草本植物在自然界中是一个大家族，在我们的生活中，经常可以看到草本植物，许多珍稀的、濒危的植物也属于草本植物的范畴。在本章中，详细为大家介绍了近20种珍稀的濒危草本植物。

此外，许多草本植物还是能治病的中药，但是要慎用麻黄、瓜尔豆胶等中药，因为它们是具有很强副作用的草本植物。在服用这些中草药的时候，要严格遵照医嘱。

兰

金佛山兰

又名进兰，多年生草本，高15～35厘米。为我国特有种，是古老而罕见的物种。仅分布于四川金佛山海拔700～2 100米地区，喜生于阳光充足的林下、林缘、荒坡、灌丛中。为自花传粉植物。花期5月，果期9月。

大叶木兰

常绿乔木，高20米。分布于云南局部地区海拔300～1 300米山地、丘陵及石山沟谷。花期4–5月，果熟9–11月。为木兰属中最为原始的树种。

岩高兰

常绿小灌木，高20～100厘米。分布于大兴

金佛山兰

安岭地区海拔775～1 650米的山顶上。生长环境恶劣，具有耐寒、耐旱、耐贫瘠、喜光、抗风等特性。花期6–7月，果期7–8月。目前已经很难找到，为我国珍稀植物。

🎖 知识点

金佛山

金佛山位于重庆南部南川区境内，融山、水、石、林、泉、洞为一体，集雄、奇、幽、险、秀于一身，风景秀丽，气候宜人，旅游资源丰富，以其独特的自然风貌，品种繁多的珍稀动植物，雄险怪奇的岩体造型，神秘而幽深的洞宫地府，变幻莫测的气象景观和珍贵的文物古迹而荣列国家重点风景名胜区和国家森林公园。被国内外专家评定为极有开发价值的自然风景区。

📚 延伸阅读

国宝蕙兰

蕙兰，别名中国兰、九华兰、九子兰、夏兰、九节兰、一茎九花，是我国栽培最久和最普及的兰花之一，古代常称为"蕙"，常与伞科类白芷合名为"蕙芷"。蕙兰花是我国珍稀物种，为国家二级重点保护野生物种。蕙兰原分布于秦岭以南、南岭以北及西南广大地区，是比较耐寒的兰花品种之一。

它的特征、地理分布、以及隐喻，可以从诗中体味出来："绿叶淡花自芬芳，深山庭院抱幽香。惠质不堪逐流水，露华何妨润愁肠。何人轻步踏小径，几杯残酒倾三江。怜花还需解花语，花魂诗魄传潇湘。"

● 天　麻 ————————————————

天麻茎单一，直立，圆柱形，高30～150厘米，黄褐色，下部疏生数枚膜质鞘。无绿叶，叶鳞片状，膜质，互生，下部鞘状抱茎。地下块茎肥厚，长椭圆形、卵状长椭圆形或哑铃形，长约10厘米，粗3～5厘米，肉质，常平卧；有均匀的环节，节上轮生多数三角状广卵形的膜质鳞片。总状花序顶生，花期显著伸长，长30～50厘米，具花30～50；苞片膜质，长圆状披针形，长1～1.5厘米，与子房（连花梗）近等长；花淡绿黄、蓝绿、橙红或黄白色，近直立，花梗长3～5毫米；萼片与花瓣合

生成花被筒，筒长约1厘米，口部偏斜，直径5～7毫米，顶端5裂；萼裂片大于花冠裂片；唇瓣白色，先端3裂；唇瓣藏于筒内，无距，长圆状卵圆形，长约7毫米，上部边缘流苏状；合蕊柱长5～6毫米，子房下位，倒卵形，子房柄扭转，柱头3裂。蒴果长圆形或倒卵形，长1.2～1.8厘米，直径8～9毫米。种子多而极小，成粉末状。花期6-7月，果期7-8月。

天麻

天麻生于腐殖质较多而湿润的林下，向阳灌丛及草坡亦有。须与白蘑科真菌密环菌和紫萁小菇共生，才能使种子萌芽，形成圆球茎，并生长成为健壮的天麻块茎。紫萁小菇为种子萌发提供营养，蜜环菌为原球菌长成天麻块茎提供营养。

天麻在我国普遍栽培，分布较广，在种内产生了许多变异，经常可以看到花的颜色、花茎的颜色、块茎的形状、块茎含水量不同的天麻。周铉等曾根据以上特点，将天麻划分为4个类型，即原变型——红天麻、绿天麻、乌天麻。

野生天麻多在芒种前后采挖。挖时注意收大留小，小的让它继续长大。挖后去茎，洗去泥土，擦去粗皮，分大小3～4个等级，水开后在水中稍加一点明矾，然后把天麻投入水中，大者煮10～15分钟，小者煮3～4分钟，以能煮过心为准。炕时，先急火而后缓火，要经常翻动（不宜直接用手翻，以免手污染致发黑），并用干净的布擦去天麻上的水汽，若膨胀用小针刺几个小孔放气，至半干时宜用石头或木板压一夜，使体扁，再晒或炕至全干。

 知识点

蜜 环 菌

蜜环菌属于担子菌纲、伞菌目、真菌的一属，将实体一般中等大。菌盖直径4～14厘米，淡土黄色、蜂蜜色至浅黄褐色。老后棕褐色，中部有平伏或直立的小鳞片，有时近光滑，边缘具条纹。菌肉白色。菌褶白色或稍带肉粉色，老后常

出现暗褐色斑点。菌柄细长，圆柱形，稍弯曲，同菌盖色，纤维质，内部松软变至空心，基部稍膨大。菌环白色，生柄的上部，幼时常呈双层，松软，后期带奶油色。夏秋季在很多种针叶或阔叶树树干基部、根部或倒木上丛生。可食用，干后气味芳香，但略带苦味，食前须经处理，在针叶林中产量大。

延伸阅读

真假天麻

　　市场上常见的假天麻有紫茉莉科植物紫茉莉的根、菊科植物大理菊的根、菊科植物羽裂蟹甲草的块茎、茄科植物马铃薯的块茎、葫芦科植物赤爬的块茎、商陆科植物商陆的根、商陆科植物羌商陆的根、芭蕉科植物芭蕉芋的根茎。这些植物根茎形状与天麻十分相似，有时真假难辨，需要掌握要领进行鉴别。根据老药工的经验，辨别真假天麻的方法，可以概括为：天麻长圆扁稍弯，点状环纹十余圈；头顶茎基鹦哥嘴，底部疤痕似脐圆。若再鉴别不开，就需要请专家进行显微鉴别和理化鉴别了。

　　商陆根外形与天麻相似，但其毒性较大，误食会有生命危险。天麻的药用部分是地下块茎，呈长椭圆形、略扁、稍皱缩略弯曲，一端有红色或棕色的残留茎，另一端有圆脐状的根痕，通常每块长6～10厘米，直径2～5厘米。表面黄白色或淡黄棕色，多纵皱、质坚硬，外观及纹路类似西洋参。切开后断面平坦，无纤维点，呈半透明角质状，有光泽，味微苦带甜，嚼之有黏性，而商陆根的横切面凹凸不平，色深，呈纤维性，味苦，嚼之麻舌。

●金刚大

　　金刚大又称黄精叶钩吻，为百部科植物，产于浙江、安徽和江西等地，民间药用其根。有祛风解毒、治跌打损伤之功效。植株稀少，若不采取保护措施，将会陷入濒危状态。金刚大是东亚的特有种，其同属另一个近似种分布于北美东南部，被列为国家三级保护植物。

多年生宿根草本，根状茎横走，节间短而密；茎直立或向上斜升高20～40厘米，不分枝，基部有3～5枚鞘状鳞片。叶3～5，互生于茎上部，卵形或卵状长圆形，长5～12厘米，宽3.5～8厘米，先端近急尖，基部浅心形，略向叶柄下延，具7～9条弧形脉，网状脉近于平行；叶柄长8～12毫米。总花梗腋生于茎上部，下垂呈丝状，长1.5～2厘米，基部具关节，苞片小，丝状。

花淡绿色，直径7～10毫米；花被片4，排成"十"字形，稍向外反卷，卵形至卵状长圆形，长约3毫米，宽2.5～3毫米，表面有头状突起；雄蕊4，橙黄色，生于花被片的基部；子房上位，卵圆形而扁，由2个心皮合生成一室。种子宽倒卵形，长约4毫米，表面具纵皱纹，一端丛生流苏状肉质的附属物。

分布于浙江省西天目山、天台山，安徽省黄山，江西省上饶，福建省建宁、泰宁等处。日本也有分布。

金刚大多分布于中山上部，气候特点是终年温凉，年平均温度8℃～12℃，最冷月平均温度低于-3℃，最热月平均温度约22℃，年降水量1650毫米或更大，雨日多，云雾期长，相对湿度在85%以上。土壤为黄壤或黄棕壤，土层厚约30～70厘米，质地疏松，湿度大，腐殖质层厚15～30厘米，pH值4.7～5.1。有机质含量2.5%～1.7%。金刚大性耐阴，常生于光照8000勒克斯以下的林地，不耐高温干旱。在浙江西天目山阔叶林或混交林下的伴生植物主要有木莓、荚蒾、华

赤竹、藜芦，粗壮小鸢尾与绵穗苏等种类。金刚大在杭州栽培条件下，于3月中下旬萌生，不久出现花蕾，4月上旬进入开花期，一直延至下旬。而西天目山在6月间仍在开花，因此产地比平原栽培萌发较晚，花期迟1个月左右。果实7-8月开始成熟，由于花梗基部具关节，容易落果。

金刚大

知识点

天目山

素有"大树华盖闻九州"之誉的天目山，地处浙江省西北部临安市境内，距杭州84千米，在杭州至黄山黄金旅游线中段。主峰仙人顶海拔1506米。古名浮玉山，"天目"之名始于汉，有东西两峰，顶上各有一池，长年不枯，故名。

延伸阅读

明党参

多年生草本，高50～100厘米。分布于浙江、江苏、安徽、江西等部分地区海拔400米以下的丘陵。耐寒、耐阴，不耐高温，怕涝，喜生于土层厚、排水好的山地灌木林下、石缝或半阴半阳的山坡。4-5月开花，6月果熟。夏至前后进入休眠，休眠期6～7个月。

●金铁锁

金铁锁又叫钉子、独定子、昆明沙参、金丝矮陀陀等。

金铁锁茎披散平卧或斜上升，高15～25厘米，黄色或紫色，被腺毛。叶卵形，稍肉质，长0.7～2厘米，宽0.5～1.5厘米，顶端钝，基部圆形，全缘，中脉隆起，无毛，仅下面沿中脉被短柔毛，无柄或具极短的柄。花多数，成二歧聚伞花序；苞片卵状披针形；花梗细，长2～5毫米，被腺柔毛；萼棒状，长5～6毫米，宽1～2毫米，上部膨大，具突出的15条脉，被腺毛，萼齿5，三角形，具膜质边缘；花瓣5，紫红色，倒披针形，长约7毫米，顶端圆形；雄蕊5枚，长8～9毫米；子房长圆状倒卵形；花柱2，线形。

金铁锁，多年生平卧蔓生草本。根圆锥形。茎柔弱，圆柱形，中空，长达32厘米。单叶对生；卵形，先端尖，基部近圆形；上部叶较大，长15～22毫米，宽7～13.5毫米；下部叶较小，呈苞片状，长约2毫米，阔1毫米；近于无柄。2出聚

伞花序，每一部分花序下有2苞片；花小，近于无柄，萼筒狭漏斗形。具15棱及5齿；花冠管状钟形，花瓣5片，紫黄色，狭匙形；雄蕊5，与萼片对生，花丝线形，药近圆形，背着；子房倒披针形，由二心皮合成，花柱线形，2枚，柱头不明显。果实长棒形，棱显，具宿萼。种子1枚，倒卵形，褐色。花期6-9月。果实稍后成熟。

果实长棒形，棱显，具宿萼。种子1枚，倒卵形，褐色。生于松林、山野荒地、山坡。分布云南、四川金沙江流域。金铁锁分布于云南西北部德钦、中甸、维西、宁蒗、丽江、剑川、永胜及昆明、东川，西藏东部林芝、芒康，四川西闻至西南部巴塘、乡城、稻城、木里、米易及贵州西部威宁，海拔900～3800米地带。分布区内干、湿季明显，冬春干旱，一年中上季温差不大，年平均温度约14℃，最冷月平均温度为7.7℃，极端最低温度约-6℃，最热月平均温度约20℃，极端最高温度不超过32℃，年降水量1 000～1 500毫米，相对湿度73%～78%。土壤为紧实、干燥而贫瘠的石灰岩土或红壤。金铁锁为喜光植物，多沿干热河谷分布。

📌 知识点

河 谷

河谷是在流水侵蚀作用下形成与发展的：水流携带泥沙侵蚀使河谷下切；水流的侧蚀使谷坡剥蚀后退，包括谷坡上的片蚀、沟蚀、块体崩落；溯源侵蚀使河谷向上延伸，加长河谷。三类侵蚀方式经常同时进行，只是不同时间、地段各有所不同。河谷的发育受到气候与构造的影响。

📚 延伸阅读

金铁锁鉴定

性状鉴别：根长圆锥形，挺直或略扭曲，长8～15厘米，直径0.5～1.5厘米。表面黄棕色，有多数纵皱纹及横皮孔纹，除去栓皮后内面黄白色，易折断，断面粉性，具黄色密集的放射状纹理。气微，味辛辣，有刺喉感。以粗壮、质坚、断面粉质，有黄色菊花心者为佳。

显微鉴别：粉末特征为黄棕色。

①导管多为网纹，亦可见螺纹或孔纹，直径15～40微米，其内有时见黄棕色块状物。

②淀粉粒扁卵形，单粒或复粒；单粒的直径6～12微米。

③有油滴而无草酸钙簇晶。

理化鉴别：取本品粉末5克于烧瓶中，加入20毫升水，煮沸10分钟，放冷，滤过，取滤液4毫升于试管中，再加0.5毫升冰醋酸，振摇呈黄色冻状物，在紫外光下显乳蓝色荧光。

● 革苞菊

多年生草本；根顶部包被多层棉毛状枯叶纤维，无地上茎。叶基生，莲座状，革质，长椭圆形或长圆形，长3～15厘米，宽1～4厘米，羽状浅裂至深裂或全裂，裂片皱曲，具不规则浅齿，齿端有长硬刺，两面被蛛丝状毛或棉毛，具长柄。雌雄异株，花葶长2～4厘米，头状花序盘状，下垂或直立，无舌状花；雄株头状花序较小，总苞倒圆锥形或基部稍宽，长7～15毫米，总苞片3～4层，外层较宽，革质，有浅齿和黄色刺，内层较短，无齿，顶端具刺尖；小花花冠管状，长7～9毫米，白色，5裂；花药粉红色或淡紫色，基部有丝状长尾；花柱分枝短，卵圆形，先端锐尖，密被极细乳头状毛；子房无毛；冠毛1层，长5～6毫米，有不等长的糙毛；雌株头状花序

革苞菊

较大，总苞钟状或宽钟状，长2.5～2.8厘米；总苞片4层，外层较短，上部两侧具锯齿，边缘膜质，内层较长，两侧有小齿，边缘宽膜质；小花花冠管状，长达14毫米，白色，5裂；退化雄蕊5；花柱顶端膨大，分枝短，先端钝，密被细乳突状毛。瘦果长圆形，长8～10毫米，密被长柔毛；冠毛多层，长达15毫米。

革苞菊为强旱生植物，主要见于荒漠草原或荒漠地带。生长区的年降水量80～250毫米。在荒漠草原中，主要为小针茅群落的伴生成分，常散生于砾石质坡地的上部。在荒漠中，生长于石质残丘顶部，可形成局部的革苞菊小居群。花果期5-6月。

革苞菊为蒙古高原植物区系的特有种，对研究亚洲中部植物区系和菊科植物的系统发育有一定的科学意义。革苞菊是一个独立种。因此，革苞菊属包含了2个种。革苞菊为北阿拉善—东戈壁分布种，卵叶革苞菊为南阿拉善东部（桌子山—贺兰山）低山丘陵分布种，二者形成明显的替代分布格局。该属为阿拉善荒漠特有属，亦为蒙古高原特有属。

知识点

荒漠草原

为草原中最旱生的类型。建群种由旱生丛生小禾草组成，常混生大量旱生小半灌木，并在群落中形成稳定的优势层片。荒漠草原属于自然带的一种，主要是受自然环境影响形成的。地理位置处于大陆内部，年降水量小于200毫米。气候干燥，少雨，属于大陆气候。其次是受人类活动的影响。人类不合理的放牧和开垦以及开采矿物，直接导致草原荒漠化的进程。荒漠草原主要分布于亚洲大陆内部。如内蒙古西部和新疆就有荒漠草原分布。在

荒漠草原

荒漠草原以荒漠为主，生长的植物主要是一些耐旱，叶小而少而且根深的植物。原因是叶小而少可以减少蒸发，根深可以充分吸取地下水分。

延伸阅读

胚胎学研究

草苞菊成熟胚囊为蓼形。受精前，一个助细胞退化，两极核融合为次生核，卵具明显极性。花粉管从胚珠的珠孔处穿过一个助细胞进入胚囊，释放内容物后，残留一段时间即消失。进入胚囊的一个精子与卵细胞融合，其融合过程为有丝分裂前配子配合形。另一个精子与次生核融合后，形成初生胚乳核，细胞型胚乳。胚胎发生为紫菀型，胚柄不发达，具胚柄吸器。

草苞菊为雌雄异株。在雄花中，花药4室，药壁发育为双子叶型，由表皮、药室内壁，一层中层和绒毡层组成。绒毡层于小孢子四分体时期开始变形，其细胞原生质体向药室中移动，为变形绒毡层。小孢子孢原为多细胞，小孢子母细胞减数分裂产生四面体型的小孢子四分体。四分体胞质分裂为同时型。单核期的小孢子出现壁发育不良和巨大及空花粉现象。在雌花中，胚珠是倒生的，单珠被，薄珠心，珠被于孢原期已发育完整。大孢子孢原单细胞。由孢原细胞直接发育形成大孢子母细胞。4个大孢子直线形，蓼型胚囊。于成熟胚囊期观察到发育异常的胚囊。通过对胚囊发育过程中营养物质消长规律的研究，讨论了环境与发育的相关性问题。

●瓣鳞花

在中国甘肃和新疆一带，长着一种叫"瓣鳞花"的草。这种草高十几厘米，分枝繁多，四叶轮生，花儿细小呈粉红色。它能生长在一般植物无法生长的盐碱地里。瓣鳞花每当根部从土壤中吸取了盐和水分后，就会很快通过叶子表面分泌出盐水来。这种盐水含有氯化钠和硫酸钙等成分，经太阳光照射后，水分蒸发，留在叶面上的也是一层白花花的结晶盐。人们把这种结晶收集起来即可食用。

瓣鳞花为一年生矮小草本，高5～16厘米，少数可高达30厘米；多分枝或少分枝，上升或斜展，有白色短柔毛。叶通常4片轮生，倒卵形或窄倒卵形，长2～6毫米，宽1～2毫米，先端钝或微缺，基部渐窄成1～2毫米长的短柄，全缘，上面无毛，下面疏生柔毛。花两性，辐射对称，形小，无梗，单生叶腋或于茎和枝的上部集成聚伞花序；萼合生，宿存，萼筒长2～5毫米，萼齿5，长0.5～1毫米；花瓣5，粉红色，长披针形或长倒卵形，长3～4毫米，具有长4～6毫米的舌状附属物或爪；雄蕊6，分离，花丝下部连合；子房上位，1室，胚珠多数，侧膜胎座。蒴果包藏于宿萼内，卵圆形，长约2毫米，3瓣裂；种子长椭圆形，长0.5～0.7毫米。地理分布在我国目前仅见于新疆新源县、甘肃民勤县和内蒙古额济旗等地。生于海拔1 200～1 450米的河滩、湖边等盐化草甸中。

瓣鳞花为地中海型干旱气候环境中的耐盐植物。喜生于干旱区内潮湿并轻度盐渍化的土壤上。花果期5-8月。

瓣鳞花是一种古老孑遗的单种属植物，被国家列为首批三级保护植物，具有极其重要的科学研究价值。在分析总结多年的调查研究资料后，从瓣鳞花形态特征、群落数量特征、繁殖特征及其生境等多个方面对瓣鳞花的生物、生态学特征进行了研究。研究结果表明，好的生境中，瓣鳞花的形态变异性大；在环境因子中，对水分的敏感性和依赖性最强，同时其分布和生长也受土壤类型和土壤盐分等的限制，生态适应性表现为耐高温、耐寒冷、耐瘠薄、适干旱、喜偏碱性环境。

知识点

地中海气候

亚热带、温带的一种气候类型。因地中海沿岸地区最典型而得名。地中海气候分布在地中海沿海最为典型的原因，是地中海气候由西风带与副热带高气压带交替控制形成的，在地中海地区,夏季受副热带高气压带控制,地中海水温相比陆地低从而形成高压,加大了副热带高气压带的影响势力,冬季地中海的水温又相对较高,形成低压,吸引西风,又使西风的势力大大加强。

延伸阅读

瓣鳞花的观赏价值

瓣鳞花隶属于瓣鳞花科瓣鳞花属，只含有瓣鳞花1种。它以花萼3、副萼3、花瓣3、雄蕊3等性状而区别于蔷薇科任何其他属的植物，有"三瓣蔷薇"之美称。其茎多分枝，具宿存、坚硬而呈刺状的老叶柄；叶为三出复叶；小叶革质，顶生小叶3全裂，裂片与侧生小叶同形，全两面具长绢毛；叶柄短、坚硬，宿存；托叶膜质，贴生于叶柄。花单生叶腋，花瓣白色或浅粉红色；雄蕊短于花瓣；子房上位，长卵圆形，密生绢毛，花柱基生。瘦果长圆形，淡黄色，为宿存萼筒所包被。瓣鳞花是一种珍贵的种质资源。园林中可与山石配植装饰岩石园或制作盆景，适用于华北、西北干旱地区居民点和风景区的绿化。

●野大豆

野大豆是一年生草本，茎缠绕、细弱，疏生黄褐色长硬毛。叶为羽状复叶，具3小叶；小叶卵圆形、卵状椭圆形或卵状披针形，长3.5～6厘米，宽1.5～2.5厘米，先端锐尖至钝圆，基部近圆形，两面被毛。总状花序腋生；花蝶形，长约5毫米，淡紫红色；苞片披针形；萼钟状，密生黄色长硬毛，5齿裂，裂片三角状披针形，先端锐尖；旗瓣近圆形，先端微凹，基部具短爪，翼瓣歪倒卵形，有耳，龙骨瓣较旗瓣及翼瓣短；花柱短而向一侧弯曲。荚果狭长圆形或镰刀形，两侧稍扁，长7～23毫米，宽4～5毫米，密被黄色长硬毛；种子间缢缩，含3粒种子；种子长圆形、椭圆形或近球形或稍扁，长2.5～4毫米，直径1.8～2.5毫米，褐色、黑褐色、黄色、绿色或呈黄黑双色。

野大豆

救救植物

　　野大豆分布在我国从寒温带到亚热带广大地区，喜水耐湿，多生于山野以及河流沿岸、湿草地、湖边、沼泽附近或灌丛中，稀见于林内和风沙干旱的沙荒地。山地、丘陵、平原及沿海滩涂或岛屿可见其缠绕他物生长。野大豆还具有耐盐碱性及抗寒性，在土壤pH值9.18～9.23的盐碱地上还可以良好生长，-41℃的低温下还能安全越冬。花期5-6月，果期9-10月。

　　野大豆具有许多优良性状，如耐盐碱、抗寒、抗病等，与大豆是近缘种，而大豆是我国主要的油料及粮食作物，故在农业育种上可利用野大豆进一步培育优良的大豆品种。野大豆营养价值高，又是牛、马、羊等各种牲畜喜食的牧草。因此对我国拥有丰富的野大豆种质资源，必须引起应有的重视，并加以保护。

知识点

粮食作物

　　粮食作物定义：以收获成熟果实为目的，经去壳、碾磨等加工程序而成为人类基本食粮的一类作物。

　　主要分为：谷类作物、薯类作物和豆类作物。

　　粮食作物包括小麦、水稻、玉米、燕麦、黑麦、大麦、谷子、高粱和青稞等，但是，其中三种作物（小麦、水稻和玉米）占世界上粮食作物的一半以上。粮食作物是人类主要的食物来源。

延伸阅读

野大豆的药理作用

　　正常大鼠喂给野大豆种子粉有明显降低血糖和血胆甾醇的作用。以三氯乙烯提取野大豆油后的豆饼中含一种酸性成分，牛或其他动物食之可中毒，皮下或内脏有严重出血。有人从中分离出血细胞凝集素，能凝集兔血细胞，对人血细胞在低温或高温时，也能产生不完全的凝集。

　　大豆是人类食物中的重要植物，不管大豆的野生起源是否就是野大豆，但野大豆确实是大豆的近缘种，并且野大豆还有耐盐碱、抗寒、抗病害、营养丰富等许多优良性状，因而它成为改良大豆的重要种质资源。为了保护此种质资源，野大豆被列入国家三级保护植物。

●兰花蕉

兰花蕉，濒危种。分布于广东和广西十万大山海拔370米的沟谷林中。喜温、湿，耐阴。花期3月，果期7月。对研究中国植物区系及芭蕉科分类系统均有研究价值。根茎民间用作清热药。被列为国家三级保护植物。

多年生草本，高约45厘米；根茎横生。叶二列，椭圆状披针形，长22～30厘米，宽7～9厘米，先端渐尖，基部楔形，稍下延，横

兰花蕉

脉双格状，稠密，十分清楚；叶柄长14～18厘米。花紫色，1～2朵自根茎生出；

苞片长圆形，长35～7厘米，位于花葶上部的较长，下部的较小，萼片长圆披针形长9.5厘米，宽15～2厘米；唇瓣线形，长9厘米，基部宽8毫米，先端渐尖，具小尖头，中部稍收缩；侧生的2枚花瓣长圆形，长约2厘米，先端有长约5毫米的长芒；雄蕊5，花药长1厘米；子房顶端延长呈柄状的部分长2厘米，花柱和花药等长，柱头3，其中1枚较长，长8毫米，其余2枚稍短，先端具细锯齿，背面具"V"字形附属物。蒴果卵圆形。

对分布于广东西南地区的兰花蕉和广西十万大山的长萼兰花蕉种群的样地调

查，分析兰花蕉分布规律、种群结构、濒危现状及其濒危原因，并提出相应的保护措施。兰花蕉空间分布格局呈聚集型，种群规模小，致濒的原因是环境破坏和自身繁殖能力下降。从形态学特征上分析兰花蕉及长萼兰花蕉的5个叶部特征，结果表明不管在种水平还是在居群水平，兰花蕉及长萼兰花蕉5个形态特征差异都达显著（P<0.05），其变异相对不太稳定，已出现一定的分化，且呈连续性。

兰花蕉的子房室顶部闭合后向上延长成延长部，实心，但有花柱沟和隔膜蜜腺管通过，隔膜蜜腺管，可分为中央蜜腺管和3条侧蜜腺管；中央蜜腺管位于3个心皮连接处，自子房室区下部产生，向上于延长部的部顶端终止；3条侧管分别位于两个心皮连接处，于子房室区近中部产生，开口于花柱基部。兰花蕉子房室区与延长部均具6枚雄蕊的维管束系统，即3枚心皮背束的伴束与3枚隔膜束，近轴面1枚隔膜向上进入唇瓣的维管束系统，位于唇瓣的中央，致使兰花蕉仅具5枚功能雄蕊，唇瓣具双重结构，还发现了兰花蕉科的系统发育位置。

分布区年平均温22℃，1月平均温14℃，年平均降水量约1 600毫米。本植物喜温、湿、耐阴。多生于枯落叶层较厚，土壤深厚、肥沃、排水良好的沟谷山坡。花期3月，果期7月。

知识点

花　药

花药是花丝顶端膨大呈囊状的部分，是雄蕊的重要组成部分。花粉囊是产生花粉的地方。每一花药通常由4个或2个花粉囊组成，左右对称分开，中间以药隔相连。花粉囊内产生许多花粉粒。花粉成熟后，花粉囊裂开，花粉粒散出。

花药

延伸阅读

濒危及保护

1. 保护价值

本种为芭蕉科兰花蕉亚科在中国之代表种，数量少，分布极为局限，是稀有植物。对研究中国植物区系及芭蕉科分类系统均有研究价值。根茎民间用作清热药。

2. 保护措施

广西上思十万大山已建水源林区，应保护好那荡乡红旗林场后山兰花蕉生长地自然林，严禁采挖。有关单位应大力繁殖、引种栽培。

●南湖柳叶菜 ————————————————————

多年生长的矮小草本，为台湾地区特有植物。仅在中央山脉北部海拔3 680～3 740米处有非常狭窄的分布。

茎极短，高3～8厘米。叶密生于茎上，近对生，顶端的叶互生，椭圆形或近圆形，全缘，先端圆，基部楔形或圆形，长0.6～2.1厘米，宽0.3～1.4厘米；叶柄不明显，长1～2毫

南湖柳叶菜

米。花两性，生于茎上部叶腋内，花托延伸于子房之上呈萼管状，花萼裂片4，花瓣4，玫瑰紫色；雄蕊8，不等长，4长4短；子房下位，4室，柱头4裂。蒴果长而狭，长2.5～3.1厘米；种子多数，有束毛，褐色，倒卵圆形，长1.2～1.3毫米，种翅长5～6毫米，白褐色，宿存。

南湖柳叶菜的生境很特殊，处于高山顶部，气温低，热量小，辐射强，风速

大，砾石极多的自然立地条件。年平均温度4.7℃，最高月平均温度10.6℃，最低月平均温度-2.8℃，年降水量3 000毫米左右；由于产地面临太平洋，因而风速较大，日照时数达2 076小时。土壤为山地砾石土，土层较薄，砾石极多。生于斜坡与冰谷间的岩屑碎石中。主要伴生植物有北方蒿、高山毛莲草、玉山景天、台湾地杨梅等。南湖大山柳叶菜因根系发达，植株密生茸毛，叶面向里卷曲，表皮细胞肥厚而角质化，花叶细胞内花青素多，能吸收强烈的紫外光，所以在狭小地段上成群聚生长。

知识点

砾 石 土

土壤颗粒组成中，大于2毫米的石砾超过1%的土壤，根据石砾含量分别定为砾质土或砾石土。

砾质土在描述土壤质地时，在质地名称前冠以某确立质土字样，如砾质砂土、少砾质砂土等。少砾质土砾石含量1%～5%；中砾质土砾石含量5%～10%；多砾质土砾石含量10%～30%。

砾石土。当土壤中砾石含量超过30%以上者，按规定，不再记载细粒部分的名称，只注明是某砾石土。其分级标准为：砾石含量30%～50%者为轻砾石土；50%～70%者为中砾石土；70%以上者为重砾石土。考虑到砾石中所夹细粒部分物质情况各异，在生产上反应亦大不一样，因此，在室内测试时，仍将细粒部分的颗粒组成分别进行了测定，在总的质地命名时仍命名为某砾石土，但在括号内则注明细粒部分的质地名称。如某土壤大于2毫米的砾石含量为65%，细粒部分的质地为壤质黏土，最后命名时，则定为中砾石土（壤质黏土）等

延伸阅读

南湖柳叶菜保护价值与措施

南湖柳叶菜分布极窄，为台湾地区特有的珍贵稀有植物。花大，色彩鲜艳美丽，可供观赏与育种。

产地南湖大山非自然保护区，且系登山旅游之地。因此，应采取必要的保护措施，绝对禁止过量采折和破坏，开展繁殖试验，扩大分布范围。亦可少量移栽，在栽培条件下加以保护。

●黑节草

黑节草为铁皮石，为兰科多年生附生草本植物。生于海拔达1600米的山地半阴湿的岩石上，喜温暖湿润气候和半阴半阳的环境，不耐寒。一般只能耐−5℃的低温。石斛可分为黄草、金钗、马鞭等数十种，铁皮石斛为石斛之极品，它因表皮呈铁绿色而得名。

黑节草

黑节草茎直立，圆柱形，长9～35厘米，粗2～4毫米，不分枝，具多节，节间长1.3～1.7厘米，常在中部以上互生3～5枚叶；叶2裂，纸质，长圆状披针形，长3～4厘米，宽9～11毫米，先端钝并且多少钩转，基部下延为抱茎的鞘，边缘和中肋常带淡紫色；叶鞘常具紫斑，老时其上缘与茎松离而张开，并且与节留下1个环状铁青的间隙。总状花序常从落了叶的老茎上部发出，具2～3朵花；花序柄长5～10毫米，基部具2～3枚短鞘；花序轴回折状弯曲，长2～4厘米；花苞片干膜质，浅白色，卵形，长5～7毫米，先端稍钝；花梗和子房长2～2.5厘米；萼片和花瓣黄绿色，近相似，长圆状披针形，长约1.8厘米，宽4～5毫米，先端锐尖，具5条脉；侧萼片基部较宽阔，宽约1厘米；萼囊圆锥形，长约5毫米，末端圆形；唇瓣白色，基部具1个绿色或黄色的胼胝体，卵状披针形，比萼片稍短，中部反折，先端急尖，不裂或不明显3裂，中部以下两侧具紫红色条纹，边缘多少波状；唇盘密布细乳突状的毛，并且在中部以上具1个紫红色斑块；蕊柱黄绿色，长约3毫米，先端两侧各具1个紫点；蕊柱足黄绿色带紫

红色条纹，疏生毛；药帽白色，长卵状三角形，长约2.3毫米，顶端近锐尖并且2裂。花期3~6月。中国铁皮石斛主要分布于浙江、广西、湖南、贵州等地。

野生的铁皮石斛一般生长在海拔100~3000米之间，常附生于树上或岩石上，喜温暖、湿润和半阴环境，不耐寒。生长适温度18℃~30℃，生长期以16℃~21℃更为合适，休眠期16℃~18℃，晚间温度为10℃~13℃，温差保持在10℃~15℃最佳。白天温度超过30℃对石斛生长影响不大，冬季温度不低于10℃。幼苗在10℃以下容易受冻，对生长的环境条件要求苛刻。野生铁皮的自然繁殖能力低、生长缓慢，目前已禁止采摘。虽然铁皮石斛的药性功能冠盖石斛之首，但目前市场上流通的铁皮石斛，基本都为人工栽培品种。

知识点

马鞭草

在基督教中，马鞭草被视为是神圣的花，经常被用来装饰在宗教意识的祭坛上。此外，在过去一般人认为疾病是受到魔女诅咒的时代里，它常被插在病人的床前，以解除魔咒。在古欧洲，它被视为珍贵的神圣之草，在宗教庆祝的仪式中被赋予和平的象征。在文艺作品中对吸血鬼有克制作用。

延伸阅读

黑节草成分比较

比较铁皮石斛和金钗石斛在化学成分上的差别：方法用高效液相色谱—质谱联用法，比较铁皮石斛和金钗石斛氨性氯仿提取物中各成分的色谱峰相对积分面积和含量。结果，铁皮石斛和金钗石斛中，电喷雾电离质谱质量数为偶数的色谱峰的相对积分面积和分别为2.34%和41.87%，铁皮石斛和金钗石斛中共有的25个相同的化学成分，相对积分面积和分别为97.12%和50.09%，其中有23个成分在铁皮石斛中的含量高于金钗石斛。结论，铁皮石斛和金钗石斛在生物碱类成分的数量和含量上有很大差别，但就所含的相同化学成分而言，铁皮石斛的质量好于金钗石斛。

● 短柄乌头

短柄乌头，稀有种。又名小白掌、雪上一支蒿，为保山乌头的变种。仅分布于云南及四川局部地区海拔2 000～3 000米的高山草坡、岩石坡和疏林下。喜光，多生于向阳坡。在丽江用本植物的块根治感冒和头痛，植物还有化学成分，别列为国家三级保护植物。

短柄乌头

多年生直立草本，茎高40～80厘米，不分枝或分枝，疏被反曲而紧贴的短柔毛至近无毛；块根纺锤状圆锥形，外皮黑褐色。叶互生，纸质，三全裂，长3.5～6厘米，宽3.6～8厘米，裂片再2～3羽状细裂，中央全裂片基部突变狭成长柄，二回羽裂片线形，宽1～3毫米，侧裂片不等二裂至基部，两面无毛，或背面沿脉疏被短毛，基生叶有长柄，向上叶柄逐渐变短，直至近无柄。总状花序有7至多朵密集的花，轴和花梗密被弯曲而紧贴的短柔毛，苞片叶状；花梗近直展，长1～1.5厘米，小苞片通常2或3浅裂；花左右对称，直径1～1.5厘米；萼片紫蓝色，上萼片盔形；花瓣上部内曲，具短距；心皮3～5片，子房密被黄色长柔毛。蓇葖长圆形，顶端细尖，内缝线开裂，具多数种子；种子沿脊棱具翅。

短柄乌头主要见于高山草甸或受西南季风的影响区，干、湿季明显，气候冷凉，年平均温度约6℃～12℃，最冷月平均温度–3.8℃，极端最低温度约–25℃，最热月平均温度约13℃，极端最高温度不超过25℃，年降水量700～1 000毫米，相对湿度为74%以上。土壤为富含腐殖质的黑色草甸土。在土壤母质为紫色砂岩的地方，上层薄，多裸岩，地表干燥而坚实，生境冷湿多风，常生长在灰背杜鹃、腋花杜鹃为优势种的常绿矮生垫状灌丛中；在土壤母质为石灰岩的地方，土层较厚，也常见岩露头，优势种为藏边大黄小颖短柄草等植物的草坡中。喜光，多生于向阳坡。花期8–9月，果熟期10月。

知识点

小苞片

指着生于花柄上的小形叶，相当于枝上的先出叶。通常为一对，位于苞片和茎连接线的垂直线上，有时也位于上述线的上方，其作用不明。单子叶植物中所见的也如此，但在花柄的近轴面只有一枚小苞片，似乎为两个愈合而成，参与花的组成。

延伸阅读

短柄乌头的化学成分

云南昭通产雪上一枝蒿的块根含有5种生物碱：乌头碱、次乌头碱以及一枝蒿乙素、素和己素。云南东川产雪上一枝蒿的块根分得5种生物碱：一枝蒿甲素、乙素、丙素、丁素和庚素。（1）短柄乌头根中含乌头碱。（2）铁棒锤根中含乌头碱、3-乙酰乌头碱、华北箭头碱、8-去乙酰氧基、8-乙氧基、3-乙酰乌头碱，另含β-谷甾醇。

● 星叶草 --------------------------------------

一年生小草本，茎细弱，高3～10厘米，根直伸，支根纤细。宿存的之于叶和叶簇生于茎顶；子叶线形或披针状线形，长4～11毫米，宽0.6～2毫米，无毛；叶纸质，菱状倒卵形、匙形或楔形，长3.5～23毫米，宽1～11毫米，边缘上部有小齿，齿端有刺状短尖，下面粉绿色；叶脉二叉状分枝。花小，两性，单生于叶腋；狭卵形，先端急尖，宿存；花瓣缺；雄蕊1～2，与萼片互生，高出于萼片，花丝线

星叶草

形，花药之室，内向；心皮13分离；子房上位，长圆形，稍偏斜，1室，有1下垂胚珠，无花柱，柱头近椭圆球形。瘦果近纺锤形或狭长圆形，长2.5～3.8毫米，通常具钩状毛；种子含丰富胚乳。

星叶草喜阴湿，要求散射光和潮湿的生境，凡阳光直接照射处，不见其分布，这种特殊生境一旦被破坏，即难生长。因它分泌一种特殊气味，影响其周围植物的生长，故在林下或局部小环境中往往形成单优群落。有时，一些湿生植物，如黄水枝、细弱荨麻和橐吾等也可与其伴生。花期5–6月，果期7–9月。

星叶草具有独特的性状，其叶脉为开放式的二叉状分枝脉序，特别是远轴盲脉末端的形态结构特征，使其明显地有别于毛茛科的其他属，故有人主张将其另立为星叶草科。因此，保护好星叶草，对进一步研究被子植物系统演化问题具有一定的科学价值。

知识点

叶　脉

叶脉就是生长在叶片上的维管束，它们是茎中维管束的分枝。这些维管束经过叶柄分布到叶片的各个部分。位于叶片中央大而明显的脉，称为中脉或主脉。由中脉两侧第一次分出的许多较细的脉，称为侧脉。自侧脉发出的、比侧脉更细小的脉，称为小脉或细脉。细脉全体交错分布，将叶片分为无数小块。每一小块都有细脉脉梢伸入，形成叶片内的运输通道。

延伸阅读

星叶草争议

星叶草自1881年被发现以来，对其系统位置颇多争论，曾被认为应属于金粟兰科、毛茛科或小檗科，或接近三白草科。但星叶草有一系列独特的特征，如2枚子叶宿存，萼片2～3，雄蕊1～3，果实有钩状毛，花粉管通过胚珠中部进入胚囊，种子有细胞型的胚乳等，而与毛茛科等科有很明显的区别。J·哈钦

森于1926年在其《有花植物分类》一书中建立了星叶草科，得到不少学者的赞同。他将星叶草科放在小檗目中。美国学者A·C·福斯特则认为把这科放在广义的毛茛目中较好。

● 独叶草

　　独叶草，多年生小草本。中国特有单种属植物。分布于云南、四川、甘肃、陕西，生于海拔2 750～3 900米处的林下，对研究被子植物的进化和该科的系统发育有科学意义，国家一级保护稀有种。

　　多年生草本，高达10厘米，无毛。根状茎细长，分枝，生多数不定根；芽鳞3，膜质，卵形，长4～7毫米。叶常1片基生，心状圆形，宽3.5～7厘米，5全裂，中、侧裂片断浅裂，下面的裂片不等2深裂，顶部边缘有小牙齿，下面粉绿色；脉序开放二叉分歧；叶柄长5～11厘米，单花，直径约8毫米，花葶高7～12.5厘米；花被片5～6，淡绿色，卵形，长5～7.5毫米，顶端渐尖，基部狭且具线状紫斑；退化雄蕊5～8；心皮3～7，长约1.4毫米，种子白色，扁椭圆形，长3～3.5毫米。在繁花似锦、枝繁叶茂的植物世界中，独叶草是最孤独的。论花，它只有一朵，数叶，仅有一片，真是"独花独叶一根草"。

　　独叶草的地上部分高约10厘米，通常只生一片具有5个裂片的近圆形的叶子，开一朵淡绿色的花；而小草的地下是细长分枝的根状茎，茎上长着许多鳞片和不定根，叶和花的长柄就着生在根状茎的节上。

　　独叶草是毛茛科的一种多年生的草本植物，是中国云南、四川、陕西和甘肃等省特有的小草。它生长在海拔2 750～3 975米的高山原始森林中，生长环境寒冷、潮湿，十分隐蔽，土

独叶草

壤偏酸性。这是毛茛科植物的生长环境特点。分布区海拔较高，气候寒冷，多数产地每年有一半以上的时间处于0℃以下，夏季最高气温只达20℃左右。土壤为腐殖质土，通气性较好，偏酸性，厚度为10~30厘米。独叶草生于林下，光照微弱，空气和土壤的湿度大。一般多在糙皮桦下生长。

独叶草零星分布在陕西太白县、眉县、洋县，甘肃迭部、舟曲、文县，四川马尔康、茂汶、金川、南坪、泸定、松潘、峨眉山及云南德钦等地。生于海拔2200~3975米地带的亚高山至高山针叶林和针阔混交林下。

由于该种生长于亚高山至高山原始林下和荫蔽、潮湿、腐殖质层深厚的环境中，种子大多不能成熟，主要依靠根状茎繁殖，天然更新能力差。加之人为破坏森林植被和采挖，使其植株数量逐渐减少，自然分布日益缩小。

🔖 知识点

原始森林

原始森林是地球上最重要的生态系统之一。原始森林维护着自然环境，储存大量碳物质来保持气候的稳定，通过对降雨和蒸发的控制调节天气，并维持着地球的生态平衡。仅热带雨林就为人类提供40%的氧气所需，因此它们也被称作"地球之肺"。

📚 延伸阅读

独叶草的科研价值

对研究被子植物的进化和该科的系统发育有科学意义，独叶草不仅花叶孤单，而且结构独特而原始。它的叶脉是典型开放的二分叉脉序，这在毛茛科2000多种植物中是独一无二的，是一种原始的脉序。独叶草的花由被片、退化雄蕊、雌蕊和心皮构成，但花被片也是开放二叉分的，雌蕊的心皮在发育早期是开放的。这些构造都表明独叶草有着许多原始特征。因此，独叶草自1914年在云南的高山上被发现后，就引起国内外学者的兴趣，他们认为，对独叶草的研究，可以为整个被子植物的进化提供新的资料。

●峨眉山莓草 ————————————————————

　　峨眉山莓草属于蔷薇科山莓草属。当年生草本，全株密被白色绢毛，有光泽；主根粗壮，圆柱形，具多数侧根；花茎直立，高12～15厘米。基生叶为5出掌状复叶，连叶柄长3～7厘米；小叶无柄，两侧2枚小叶较小，披针形，全缘或有1～3齿，中间3枚小叶较大，长圆状披针形，上半部每边有1～4不规则锯齿；茎生叶单1，退化成苞片状；基生叶的托叶膜质，褐色；茎生叶的托叶草质，卵状披针形。花2～3朵，顶生，直径约1.5厘米；萼片三角状卵形，顶端渐尖，全缘；副萼片披针形，顶端渐尖，全缘，与萼片近等长；花瓣白色，倒心形；雄蕊5；花柱近顶生，柱头不扩大，心皮5～10，各有胚珠1，成熟时变为瘦果。

　　分布区海拔较高，积雪时间很长，往往可以持续到翌年5–6月，冬季严寒，夏季短而凉爽，雨量较丰沛，空气湿润，多雾。喜生于风化的岩石缝隙中，天然更新能力弱。花期6–7月，果期8–9月。

　　峨眉山莓草分布极其狭小，形态较为特殊，对进一步研究属内的亲缘关系和地理分布以及保存种质资源均有一定的学术意义。

知识点

萼　片

　　萼片是花的最外一环，能保护花蕾的内部。一环完整的萼片组成了花萼（calyx）。常为绿色。萼片彼此分离的叫离萼，萼片彼此合生的叫合萼，合萼下端称萼筒，上端分离部分称萼裂片；两轮萼裂片的外轮称副萼，如大红花等锦葵科植物。

　　萼片通常早落，但也有开花后还存在的，如柿、茄、番茄等，称为萼片宿存，或宿萼。萼片在花朵开放前起保护花的作用。花开放之前就脱落的花萼称早落萼，如白屈菜、虞美人；果实成熟后，花萼仍然存在，并且随果实一起增大，称宿萼，如柿、辣椒等。萼片大而鲜艳呈花冠状，称瓣状萼，如乌头、铁线莲；有的萼筒一边向外凸起，形成一管状或囊状突起，称距，如凤仙花。

延伸阅读

太行花

多年生草本。主要分布于太行山局部地区海拔1 000～1 300米疏林中或悬崖峭壁缝隙中。为耐阴植物，根系发达，最适宜生长于沟谷上部的石缝处。因生长稀疏，又缺传粉媒介，结实很少，种子传播困难，天然繁殖差。4～5月开花，7～8月结果。

●新疆阿魏

多年生草本，有毛，具蒜葱气味；根纺锤形或倒圆锥形；茎通常单一，高0.3～1.7米，紫红色。叶灰绿色，早枯，三出或三回羽状全裂，最终裂片宽椭圆形，长约10毫米，基部下延，上部具齿或浅裂；基生叶大，有短柄，具鞘；茎生叶较小，往上几无叶片，通常只有叶鞘。

复伞形花序着生于茎和小枝顶端，有5～25伞辐，侧生花序1～3，着生在中间花序的近基部；小伞形花序有10～20花；花萼有齿；花瓣黄色，外面有毛；花柱基扁圆锥状，有波状边缘，花柱延长，柱头头状。

分果椭圆形，长10～12毫米，有疏毛，果棱突起，油管大小不一，在棱间具3～4条，合生面上12～14条。

新疆阿魏只见新疆伊宁县拜什墩的河岸阶地上，海拔为750～1 000米。新疆阿魏分布区的年平均温度6.7℃～7.8℃，年降水量230～300毫米，春季和夏初雨量较多。土壤为灰钙土，pH值7.5～8.2，腐殖质层较薄。

新疆阿魏在荒漠植物群落中，形成早春的优势层片，伴生植物有滩贝母、块茎大戟、天山海罂粟等短命和类短命植物；其后以藜科植物为主，主要有小蓬、木地肤、角果藜及蒿属植物等。

根据达到收割阿魏树脂的年限估计，8年左右才能开花结果。4月初出苗，不到开花年限的植株，每年只有成丛的基生叶，宿根逐渐增大；开花的植株在4月下旬抽茎，5月上旬开花，5月底结果，6月下旬地上部分枯死，宿根随后腐烂。

靠种子繁殖，但因放牧和人为践踏，以及不合理的收割，造成天然更新困难；同时，成熟的果实只能随风和降雨时的水流进行短暂的传播，也限制了更新的范围。目前拜什墩生产建设兵团辖区已有人对其进行人工的培育实验。实验中从收获阿魏种子到种子的播撒、出芽、长成幼苗积累了一定的资料。实验证实了阿魏可以进行人工辅助野生繁殖的。

新疆阿魏

阿魏是一种多年生一次性开花植物，开花结果后便死亡，随后根部腐烂。它分为两大类：香阿魏和臭阿魏，臭阿魏具有一种特殊的蒜臭味，树脂干燥后可以用作调料，从臭阿魏上割取的阿魏胶具有药用价值，是治疗风湿性关节炎、胃病的良药，在新疆民族药中用的较多。早在唐代的医书中就有对阿魏的记载，以后的历代医书中也都记载了阿魏的药用价值。新中国成立前新疆的阿魏并不为世人所知，到1958年，在全国中草药调查中才发现新疆有20个品种的阿魏，收入药典可作药用的阿魏只有2种：新疆阿魏和阜康阿魏，新疆阿魏只分布在伊犁伊宁县喀什乡拜什墩山区，当时有3万~4万亩，密度很大，阜康阿魏只分布在阜康。当时年产阿魏胶最高时可达5 000千克，让中国彻底结束了进口的历史。

20世纪70年代后，这两种野生阿魏被破坏的相当严重，目前阜康阿魏已灭绝，全疆目前仅在拜什墩山区还有少量的野生新疆阿魏。成为全疆硕果仅存的药用野生阿魏。野生新疆阿魏资源严重破坏的结果使阿魏胶的价格一路飙升。

知识点

藜　科

藜科是一种开花植物，有大约100属、1 400多种植物，单单在中国大陆就有39属170种，在华北和西北生长。本科的主要特征：草本，具泡状毛，花小，单被，雄蕊对萼，子房2～3，心皮结合，1室，基底胎座，胞果，胚弯曲。在克朗奎斯特系统里藜科被分类为石竹目的一个科。2003年发表的APG II系统则是主张取消藜科这一个科，并将以前藜科的种类并入到苋科内，成为苋科的一个亚科（藜亚科）。

延伸阅读

阿魏花的相关报道

珍稀野生药材物种新疆阿魏经过新疆伊犁州直有关部门和属地县委、县政府几年来的划区保护，出现了恢复性增长的趋势，2008年5月，作为伊犁州政协督办重点提案，伊犁州政协副主席赵福英与相关部门领导再次来到伊宁县拜什墩山区新疆阿魏保护区实地查看，大量野生新疆阿魏已开始开花，几年来的划区保护已初见成效。新疆阿魏今后应进一步加强保护和利用。

●珊瑚菜

多年生草本，高5～25厘米。主根细长，圆柱形，长可达70多厘米。基生叶具柄，叶柄长约10厘米，基部宽鞘状；叶片轮廓呈卵形或宽三角状卵形，长5～12厘米，三出式分裂或三回羽状分裂，裂片质厚，卵圆形或椭圆形，长2～5厘米，宽1～3厘米，先端圆钝或渐尖，边缘有粗锯齿，上面有光泽。复伞形花序顶生，总梗长4～10厘米，密生白色或灰褐色绒毛；无总苞；伞辐10～14，不等长；小总苞片8～12枚，线状披针形；花白色；萼齿5，细小；花瓣5，卵状披针形，先端内折；雄蕊5，与花瓣互生，花药带紫褐色；花柱基扁圆锥形，花柱短。双悬果圆球形或椭圆形，果棱木质化，翅状，有棕色毛。

分布区受海洋性气候的影响，冬春干旱（南界无明显干旱），夏秋多雨，年平均温度8℃～22℃，1月平均温度–5℃～13℃；年降水量900～1 200毫米。珊瑚菜喜温暖湿润，主根深入沙层，能抗寒，耐干旱；适宜在平坦的沿海沙滩或排水良好的沙土和沙质土壤中生长，对肥力的要求

珊瑚菜

不严，忌黏土和积水洼地；抗碱性强，对盐碱土的指示植物。常和砂钻苔草、砂引草、肾叶打碗花、匍匐苦荬菜和单叶蔓荆等植物混生，在沙滩上形成海滨植物群落。花期4–7月，果期6–8月。

珊瑚菜在不同的生长发育阶段对气温的要求不同，种子萌发必须通过低温阶段，营养生长期内在温和的气温条件下发育较快。气温过高，植株会出现短期休眠。高温季节一过，休眠即解除。开花结果期需要较高的气温。冬季植株地上部分枯萎，根部能露地越冬。

珊瑚菜为传统常用中药材，是伞形科植物珊瑚菜的干燥根。北沙参味甘、微苦，性微寒，归肺、胃经，具有养阴清肺、益胃生津之功能。用于治疗肺热烦咳、劳嗽痰血、热病伤津、口渴等症。珊瑚菜主要分布于山东、河北、广东、福建、辽宁、江苏等省也有栽培。

近年来，随着城市和港口建设，需要大量用沙，因而生长珊瑚菜的沙滩常被挖掘，生境遭到破坏，影响繁殖生长；加上药农连年挖根。因此资源逐渐减少，分布面积越来越窄。

知识点

伞形科

伞形科是伞形目下的一科，通常为茎部中空的芳香植物，都是一年或多年生草本植物。此科下包含有孜然、香芹、香菜、胡萝卜、莳萝、葛缕子、小茴香等植物。

此科包含有300个左右的属和3 000多个物种，分布在北温带、亚热带或热带的高山上。中国大约有90属，500多种。全国均有分布。

伞形科包括很多日常食用的蔬菜和调料。伞形科这一名称是因为其花序为伞形之故。

延伸阅读

珊瑚菜的价值

珊瑚菜广泛用作镇咳祛痰药，并可食用，经济价值较大；对于海岸固沙和盐碱土的改良也极为重要。在分类学上，有些学者曾把本种产于北美地区的单独成立一种或把它作为地理亚种。对研究伞形科植物的系统发育，种群起源，以及东亚与北美植物区系，均有一定意义。

渐入绝境的乔木植物

　　乔木植物是植物界中的大个子，几乎所有的乔木植物都有着傲人的身高，这不禁叫贴地匍匐的苔藓们羡慕不已。乔木植物中的伟乔可高达30多米，真是乔木中的巨人。

　　然而，再高大的巨人也抵不过生存环境的恶化，有些渐渐地轰然倒地了。像天目铁树、十齿花、肥牛树等乔木植物，已经慢慢地走到了生命的尽头。

　　虽然，人们已经逐渐意识到了保护物种的多样性的重要，但是，一些珍稀乔木植物还是以惊人的灭绝速度滑向了生命终点。

● 见血封喉————————————————————————————

　　古代印第安人生活的地方生长着一种很毒的植物，叫箭毒木，当地人就经常在树木的树干部分割开一个伤痕，让树脂流出，当地人便用这种树脂涂在箭头上来捕杀猎物。后来英国殖民者侵入此地，印第安人便用这种涂了树脂的弓箭来抵抗英国侵略者，英军被这种弓箭射中后立即中毒身亡，从此再也没有人来侵略他们了。因此这种树又被称为见血封喉树。

　　见血封喉为常绿大乔木，高可达40米，通常具板状根；小枝幼时被粗长毛。叶互生，2列，长圆形或长圆状椭圆形，长5～9厘米，宽2.5～4厘米，先端短渐尖，基部圆形或浅心形，两侧略不等，全缘或具粗齿，上面亮绿色，疏生长粗毛，下面幼时密被长粗毛，侧脉10～13对；叶柄长6～8毫米，被粗毛。花单性，雌雄同株；雄花密集于叶腋，生于一肉质、盘状、有短柄的花序托上，花序托为覆瓦状顶端内曲的苞片所围绕，花被片和雄蕊均为4，花药具紫色斑点；雌花单生于具鳞片的梨形花序托内，无花被，子房与花序托合生，花柱二裂。果肉质，梨形，成熟时鲜红色至紫红色，长约1.8厘米。

见血封喉分布于热带季雨林、雨林区域，热量丰富，长夏无冬，冬季寒潮影响微弱，年平均温度多为21℃～24℃，最冷月平均温度在13℃～17℃以上，极端最低温度在0℃～5℃以上，大寒潮南侵年份桂西南至粤西可出现短暂0℃以下低温，年降雨量1 200～2 700毫米，干湿季分明或不太分明，空气湿度较大；年平均相对湿度

见血封喉树

在80%以上。在花岗岩、页岩、砂岩等酸性基岩和第四纪红土上，土壤为砖红壤或赤红壤，pH值4.5～5；在石灰岩地层上，为石灰性土，pH值6.8～7.7。见血封喉可组成季节性雨林上层巨树，常挺拔于主林冠之上。在云南南部至西南部主要伴生树种有龙果、橄榄、高山榕等；在广东西南部及广西东部沿海台地，有红鳞蒲桃、榕树、黄桐等；在广西西南部的石灰岩石山有蚬木、窄叶翅子树、大叶山楝等。根系发达，抗风力强，在风灾频繁的滨海台地；孤立木也不易被风吹倒，但生长往往较矮。花期2–3月，果熟期6–7月。

知识点

树 脂

树脂一般认为是植物组织的正常代谢产物或分泌物，常和挥发油并存于植物的分泌细胞，树脂道或导管中，尤其是多年生木本植物心材部位的导管中。由多种成分组成的混合物，通常为无定型固体，表面微有光泽，质硬而脆，少数为半固体。不溶于水，也不吸水膨胀，易溶于醇、乙醚、氯仿等大多数有机溶剂。加热软化，最后熔融，燃烧时有浓烟，并有特殊的香气或臭气。分为天然树脂和合成树脂两大类。

📚 **延伸阅读**

代表树木

见血封喉在云南旅游景点西双版纳景洪市和勐腊县的一些旅游景点都有生长。云南旅游景点西双版纳景洪市勐罕镇景区的曼桂民族神话园北侧200米处，有一株长着板根的箭毒木。这株毒树高27.1米，主干上附生着绞杀植物。毒树虽然已被绞杀植物的气生根紧紧缠住，但树势仍然不衰。云南旅游景点西双版纳勐腊城区的百象山上，也生长着一株40多米高的云南见血封喉。这株毒木，树干笔直挺拔，繁茂枝叶形若绿伞。其根基部长有3块板根，其中最大一块板根，面积有4平方米。最便于人们参观的见血封喉，是云南旅游景点西双版纳勐仑植物园生态站办公楼东侧的一株百年老树。树高约40米高，胸径2.26米，树身被一株树势旺盛的绞杀榕所缠，根部已出现了空洞，但枝杈粗壮，伞形树冠仍然苍翠碧绿。

● 普陀鹅耳枥 ------------------------------

落叶乔木，高达14米，胸径70厘米。雌雄同株。雄花序短于雌花序。1930年钟观光教授在浙江普陀山海拔240米处发现，1932年郑万钧教授鉴定并定名为普陀鹅耳枥，除仅有的一株标本树外，此后未在其他地方再有发现。

普陀鹅耳枥

生长于海拔240米的陵上坡林缘。由于受海洋气候影响，湿度较大，全年冬暖夏凉。土壤为红壤，pH值5.5～5.7，土层较厚，肥力较高。具有耐阴、耐旱、抗风等特性。雄、雌花于4月上旬开放，果实于9月底10月初成熟。分布于浙江舟山群岛普陀岛佛顶山。为中国特有珍稀植物，现仅存一株，在保存物种和自然景观方面都有重要意义。是国家一级保护濒危种。我国特有种只产于舟山群岛普陀岛。由于植被破坏，生境恶化，目前仅有一株保存于该岛佛顶山。又因开花结实期间常受大风侵袭，致使结实率很低，种子即将成熟时，复受台风影响而多被吹落，更新能力极弱，树下及周围不见幼苗，已处于濒临灭绝境地。

分布区受海洋气候影响，全年冬暖夏凉，年平均量温为16.3℃。1月平均温度5.5℃，8月平均温度26.8℃，最热月平均温度不超过30.1℃，最冷月平均温度不低于3℃，雾期长，相对湿度达90%左右，年降水量平均1 200毫米，雨日一般在150日以上。土壤为红壤，pH值5.5～5.7，土层较厚，有机质含量4.8%，肥力较高。普陀鹅耳枥于长期生活在云雾较多，湿度较大的生境里，比较耐阴。原长在以蚊母树为优势种的常绿阔叶林内，现仅有一株位于稀疏杂木林林缘，伴生植物主要有山茶、红楠、普陀樟等。根系发达，具有耐旱、抗风等特性。雄花于4月上旬先叶开放，雌花与新叶同时开放，果实于9月底10月初开始成熟。

📎 知识点

山 茶

茶花，又名山茶花，山茶科植物，属常绿灌木和小乔木。古名海石榴。有玉茗花、耐冬或曼陀罗等别名，又被分为华东山茶、川茶花和晚山茶。茶花的品种极多，是中国传统的观赏花卉，"十大名花"中排名第七，亦是世界名贵花木之一。

📚 延伸阅读

普陀鹅耳枥的产地简说

普陀是著名佛教圣地，参观过普陀庙寺的人不会忘记那庙宇院内的一株大树，称为普陀鹅耳枥，它之所以远近闻名，乃是因为那是仅存的一株，被定为国家一级保护植物。普陀鹅耳枥连同普陀大庙成为游览普陀的重要风景点。

普陀山气候温和，雨量充沛，土壤肥沃，树木生长旺盛，植被资源丰富，

森林覆盖率达70%以上，有"海岛植物园"之称，其中有很多珍贵树木。1990年国家林业部批准在普陀山兴建森林公园，有8种名贵树木被列为国家重点保护植物，有百年以上名木1 329株。

慧济寺后门西侧一棵大树，约有200年树龄，树枝骈出双分并作90°转向，极有规律。树高12.4米，主干胸径63.7厘米，冠幅12.9米×11.5米。这即是当世珍贵树种——"普陀鹅耳枥"树，雌雄同株异花，每年5月开花，10月下旬果子成熟，属国家一级保护树种，名传天下。

● 锡金海棠 ————————————————————————

落叶小乔木，高6～8米；小枝幼时被绒毛。叶卵形或卵状披针形，长5～7厘米，宽2～3厘米，先端渐尖，基部圆形或宽楔形，边缘有尖锐锯齿，上面无毛，下面被短绒毛，沿中脉及侧脉较密；叶柄长1～3.5厘米，幼时有绒毛，后逐渐脱落；托叶钻形，早落。花6～10朵成伞房花序，着生于枝顶，花梗长3.5～5厘米，初被绒毛，后渐落；花直径2.5～3厘米；萼筒椭圆形，萼片披针形，外面均被绒毛，逐渐脱落，花后萼片反折；花瓣白色，花蕾时外面粉红色，近圆形，有短爪，外被绒毛；雄25，雌30；花柱5，基部合生，无毛。梨果倒卵状球形或梨形，直径10～18毫米，成熟时暗红色。

锡金海棠分布区位于亚高山地带。北有高原阻挡寒流，沿河谷又吹来印度洋湿润季风。因此气候温和湿润，年平均温度8.3℃～11.6℃，年降水量700～1 500毫米，集中在夏秋两季，占全年降水量的90%，全年无霜期4～5个月。土壤为酸性黄棕壤。常生于亚高山或河谷针阔叶混交林内，或疏林下。5-6月开花，果实9月成熟。

分布于云南丽江、维西、德钦，西藏察隅、波密、米林、错亚东和定结等地。生于海拔2 500～3 000米亚高山地。锡金、不丹和印度东北部也有分布。

通俗意义上所讲的锡金海棠包括木瓜属的几大类观赏品种，四季海棠原产南美巴西，1821年柏林植物园从巴西引进的植物的土壤中，发现了四季海棠的原种。1828年传入欧洲各地，1878年育种学家进行种间杂交取得成功，形成了现代四季秋海棠的特色。因此形成了四季海棠的多源杂种。锡金海棠属除澳大利亚外，全世界从热带到亚热带均有分布，中国民间也流传着一些关于秋海棠类的传说与典故。《采兰杂志》载：古代有一妇女怀念自己心上人，但总不能见面，经常在一墙下哭泣，眼泪滴入土中，在洒泪之处长出一植株，花姿妩媚动人，花色像妇人的脸，叶子正面绿、背面红的小草，秋天开花，名曰"断肠草"。《本草纲目拾遗》也记载："相传昔人有以思而喷血阶下，遂生此草，故亦名'相思草'。"人们爱秋海棠，秋海棠类的姿色的确赏心悦目。秋海棠既可盆栽室内观赏，也可在暖地栽于花坛或成片种植，形成花繁叶茂的地被。有的观叶，有的观花，细赏之余，神韵无穷。

锡金海棠花姿潇洒，花开似锦，自古以来是雅俗共赏的名花，素有"花中神仙"、"花贵妃"、"花尊贵"之称，栽在皇家园林中常与玉兰、牡丹、桂花相配植，形成"玉棠富贵"的意境。历代文人多有脍炙人口的诗句赞赏锡金海棠。陆游诗云："虽艳无俗姿，太皇真富贵。"形容锡金海棠艳美高雅。陆游另一首诗中："猩红鹦绿极天巧，叠萼重跗炫朝日。"形容锡金海棠花鲜艳的红花绿叶及花朵繁茂与朝日争辉的形象。宋代刘子翚诗云："幽姿淑态弄春晴，梅借风流柳借轻……几经夜雨香犹在，染尽胭脂画不成……"形容锡金海棠似娴静的淑女，因此锡金海棠集梅、柳优点于一身而妩媚动人，雨后清香犹存，花艳难以描绘，难怪唐明皇也将沉睡的杨贵妃比作锡金海棠了。

历史上以锡金海棠为题材的名画也不胜枚举，譬如宋代佚名《海棠蛱蝶图》，现代大师张大千晚年画的《海棠春睡图》等。

知识点

花　序

被子植物的花，有的是单独一朵生在茎枝顶上或叶腋部位，称单顶花或单生花，如玉兰、牡丹、芍药、莲、桃等。但大多数植物的花，密集或稀疏地按一定排列顺序，着生在特殊的总花柄上。花在总花柄上有规律的排列方式称为花序。

花序的总花柄或主轴称花轴，也称花序轴。花序下部的叶有退化，但也有特大而具颜色的。花柄及花轴基部生有苞片，有的花序的苞片密集一起，组成总苞，如菊科植物中的蒲公英等的花序有这样的结构。有的苞片转变为特殊形态，如禾本科植物小穗基部的颖片就是。

延伸阅读

锡金海棠的病虫害防治

培植锡金海棠，应该注意防治的是金龟子、卷叶虫、蚜虫、袋蛾和红蜘蛛等害虫，以及腐烂病、赤星病等。腐烂病，又称烂皮病，是多种锡金海棠的重要病害之一，危害树干及枝梢。一般每年4-5月开始发病，5-6月为盛发期，7月以后病势渐趋缓和。发病初期，树干上出现水渍状病斑，以后病部皮层腐烂，干缩下陷。后期长出许多黑色针状小突起，即分生孢子器。

具体的防治方法为清除病树，烧掉病枝，减少病菌来源。早春喷施石硫合剂或在树干刷涂石灰剂。初发病时可在病斑上割成纵横相间约0.5厘米的刀痕，深达木质部，然后喷涂杀菌剂。

●天目铁木

天目铁木现仅存5株，稀有种。

落叶乔木，高21米，胸径达1米；树皮深褐色，纵裂；一年生小枝灰褐色，具浅色皮孔，有毛。叶互生，为椭圆形或椭圆状卵形，长4.5～10厘米，宽2.5～4厘米，先端长渐尖，基部宽楔形或圆钝，叶缘具不规则的锐齿，下面疏被硬毛至几无毛，脉上除短硬毛外间或有短柔毛，侧脉13～16对；叶柄长2～6毫米，密生短柔毛。花单性，雌雄同株；雄菜黄花序多3个簇生，长6～11厘米；雌花序单生，直立，长1.8～2厘米，有花7～2片，果多数，聚生成稀疏的总状，果序长3.5厘米，总梗长1.5～2厘米，密披短硬毛；果苞膜质，囊状，长倒卵状，长2～2.5厘米，最宽处直径7～8毫米，顶端圆，具短尖，基部缢缩成柄状，上部无毛，基部具长硬毛，网脉显著。小坚果红褐色，有细纵肋。

天目铁木

　　分布于山麓林缘或林旁。分布区平均温度约15℃，1月平均温度3.3℃，7月平均温度28℃，全年降水量1 471毫米，6月降水最多，年平均相对湿度为78%。土壤为红壤，pH值4.7～5.3。伴生植物主要有马尾松、青冈、苦槠、黄檀、大叶胡枝子等。雄花序7月显露至翌年4月开放；雌花序随当年生枝伸展而出，4月中旬叶全展，9月中旬果熟，11月中旬落叶。

　　天目铁木不仅是我国特有种，而且是该属分布于我国东部的唯一种类。对研究植物区系和铁木属系统分类，以及保存物种等，均具有一定意义。

　　西天目山已建立自然保护区，对本种的保护较为重视，在生于路旁易破坏的大树周围筑有石墙。应严禁人畜践踏，让其天然繁殖，并加强采种、育苗，扩大种植。杭州植物园、浙江林学院已引种栽培。

　　天目铁木分布极窄，数量极少。仅产浙江西天目山，目前只残存5株，损伤严重，其中胸径达1米的大树主干顶梢已断，另高达18～21米的4株，其中下部侧枝几乎全部砍掉，生境受到破坏，更新能力很弱，幼苗极少，若不采取有效措施，将有灭绝的危险。

📍知识点

黄　檀

　　黄檀为乔木，高10～17米；树皮灰色。羽状复叶有小叶9～11，长圆形或宽椭圆形，长3～5.5厘米，宽1.5～3厘米，顶端钝，微缺，基部圆形；叶轴与小叶柄有白色疏柔毛；托叶早落。圆锥花序顶生或生在上部叶腋间；花梗有锈色疏毛；萼钟状，萼齿5，不等，最下面1个披针形，较长，上面2个宽卵形，较短，有锈色

柔毛；花冠淡紫色或白色；雄蕊成5与5两体。荚果长圆形，扁平，长3～7厘米，种子1～3颗。花果期7—10月。

延伸阅读

红 桧

仅分布于台湾中央山脉中北部。常绿大型乔木，高可达57米，地上直径可达6米多。喜温和湿润的气候及阳光，根系发达，天然更新良好，花期4-5月，球果9-10月成熟。为我国特有珍贵树种，是东亚最大的树木，树龄可达3 000年。

●十齿花

十齿花，落叶小乔木，高3～5米，胸径33厘米。树皮灰色，不裂，叶互生，披针形至矩圆形，长4～13厘米，宽2～5厘米，先端尾状渐尖，基部楔形，边缘有小锯齿，下面初被短柔毛，最后近于无毛，侧脉7～9对；叶柄长3～6厘米。花两性，排成圆球状

十齿花

伞形聚伞花序，腋生，总花梗长3～5厘米；花小，白色，花梗长3毫米；萼5裂，与花盘合生，裂片舌形，直立；花瓣5，舌形；雄蕊5，着生于花盘上，与5个瓣状黄色腺体互生；子房上部1室，基部3室，每室有2颗胚珠。

蒴果圆锥状卵圆形或圆锥状椭圆形，革质，长8～10毫米，被灰褐色长柔毛，基部有10个宿存花被片，顶端有细长宿存花柱；果梗弯曲，长约1厘米。种子1粒，纺锤形，长4～5毫米，种皮肉质，黑褐色。分布区地跨热带以至中亚热带南缘，由于分布在海拔较高的山地，冬无严寒，夏季凉爽；在受西南季风影响

的地区，干、湿季明显；在东南季风区，雨量丰沛，湿度大。土壤为黄壤和黄棕壤，或为红壤，pH值5～5.5。为小乔木层成分，也常见于疏林或灌丛中，海拔1 600～1 750米地带，常生于水青冈、檫木、厚斗柯、山桐子等组成的常绿、落叶阔叶林内。为偏阳性树种，能耐一定的蔽荫。通常3-4月展叶，4-5月开花，9-10月果实成熟，叶变红色，10～11月落叶。

产西藏墨脱，云南宜良、文山、金平、屏边、维西、德钦、泸水、碧江、贡山、腾冲、龙陵、端丽，贵州凯里、雷山、黎平、都匀、榕江、从江、安龙、织金、纳雍、广西凌云、乐业等县。生于海拔800～2 400米的山地。印度和缅甸也有分布。

十齿花为单种属植物，其分类地位应属卫矛科，还是另立一科，至今尚有不同意见，对研究卫矛科系统发育有一定价值。

贵州雷公山正规划为自然保护区，已禁止伐木砍柴，云南屏边大围山已列为自然保护区，但仍在计划阶段，应从速建制，均应将十齿花等濒危物种列为保护对象。其他产区也应采取保护措施。

秋季果实成熟时采收，置室内阴干，俟蒴果开裂，捡出种子储存于干处，至次年早春播种即可。用嫩枝扦插法亦可繁殖。

知识点

花　盘

花盘是花托的扩大部分，通常呈杯状、环状、扁平状或垫状。花盘或生于子房的基部，或介于雄蕊和花瓣之间，有全缘的，有分裂的，有齿牙状的。花盘也可分裂成疏离的腺体。如酸橙、卫矛、鼠李等的花都有花盘。

延伸阅读

水　松

半常绿性乔木。高25米，胸径60～120厘米。零散分布于我国南部和东部局部地区。为古老残遗树种，多系零散生长，仅在福建某地有小片纯林。分布区

气候温暖湿润，水量充沛。为阳性树种，耐水湿，除盐碱地外，能在各种土壤上生长。生于水边或沼泽地的树干基部膨大并有呼吸根生出。种子在天然状态下不易萌发。花期2-3月，球果9-10月成熟。

●秦岭冷杉 ————————————————————————

秦岭冷杉

秦岭冷杉属于松科，是松科冷杉属常绿乔木，为中国特有珍稀濒危植物。

该种星散分布于秦岭。因生于阴坡及山谷溪旁的密林中，多数植株常不结实，仅在光照较好处的成岭植株能正常结实，但有隔年结实现象，种子易遭鼠类啮食，天然更新较差，加上过度采伐，分布面积日益缩小，植株数量逐渐减少。

常绿乔木，高达40米；一年生枝淡黄色或淡褐黄色，2～3年生枝淡黄灰色至秦岭冷杉暗灰色；芽圆锥状卵圆形，稍具树脂。叶在小枝下面二列，在上面呈不规则"V"字形排列，线形，长1.5～4厘米，宽3～4毫米，上面深绿色，下面具两条粉白色或灰绿色气孔带，果枝之叶先端尖或圆钝，树脂道中生或近中生，幼树与营养枝的叶先端二裂或凹缺。球果圆柱形或卵状圆柱形，直立，近无梗，长7～11厘米，直径3～4厘米，熟时淡红褐色；种鳞近肾形，长约1.5厘米，宽约2.5厘米，背面露出部分密生短毛；苞鳞长约种鳞的3/4，不外露，先端圆，有突起的刺状尖头；种于倒三角状椭圆形，长约8毫米；种翅倒三角形，长约1.3厘米，上部宽1厘米。

秦岭冷杉喜气候温凉湿润、土层较厚、富含腐殖质的棕壤土及棕壤土的立地环境，耐寒耐旱性较差。分布区年平均温度7.7℃，极端最高温度不超过35℃，极端最低温度不低于−15.3℃，相对湿度不小于78%，年降水量1 347毫米。通常生于山沟溪旁及阴坡，和它混生的树种有巴山冷杉、秦岭冷杉、铁杉、华山松、油松、漆木、楝木、重齿槭、红桦等。在郁闭度大的林分中，天然更新不良；而在林冠稀疏，排水良好的阴坡或半阴坡林缘、林窗处，天然更新良好。幼株尚耐荫，10月以上者不耐荫。5月底至6月初，雌、雄球花开放，球果9～10月成熟。

📏知识点

秦　岭

秦岭，横贯中国中部的东西走向山脉。西起甘肃南部，经陕西南部到河南西部，主体位于陕西省南部与四川省北部交界处，呈东西走向，长约1 500千米。为黄河支流渭河与长江支流嘉陵江、汉水的分水岭。秦岭—淮河是中国地理上最重要的南北分界线，秦岭还被尊为华夏文明的龙脉。

📚延伸阅读

秦岭冷杉的药用价值

秦岭冷杉削去外皮的髓部可作药用。味辛，微苦，性平；能祛风湿，强筋骨，清热止咳。常用来治疗跌打损伤，风湿痹痛，肺热咳嗽，预防流行性感冒、流脑以及肾炎、水肿、肾虚、腰痛、妇女崩漏，虫积腹痛、蛔虫、蛲虫和牛瘟等，内茎液汁，外用可治癣症。其茎秆髓部含淀粉约27.44%，可提取淀粉代食品，其根状茎具清热解毒等功效。

●肥牛树——————————————————————————

肥牛树为大戟科肥牛树属多年生常绿乔木。肥牛树的名称是根据广西群众用其叶饲牛，并认为可使牛肥壮而得名。肥牛树植株高大，成年树通常高7～10米，最高可达30米有余，枝叶繁茂，树冠婆娑。单叶互生，叶面深绿，嫩叶略带淡紫红色，叶肉稍厚，两面光滑，叶片呈长椭圆形或倒卵状长椭圆形，长8～15厘米，宽6～10厘米，叶缘钝锯齿状，羽状脉，叶具短柄，长4～6毫米。穗状花

序，腋主，花细小，单性同株，无花瓣，有小包片，雄花顶生，团聚，雌花基生，少数。雄花萼在花芽时近球形，闭合，开放时镊合状，3～4裂，雄蕊通常4枚，有时3～8枚，突出，花丝中等粗厚，基部或超过中部合生，花药劲直，长方形，药室贴连，平行，侧面纵裂。退化子房深2裂，雌花萼杯状，顶部3裂。胚珠每室一颗。蒴果近似球形，径约10～15毫米，表皮粗糙有小瘤状突体，分裂为3个2裂的分果片，种

肥牛树

子径约6毫米，表面光滑，有不规则的小斑纹，淡褐色。

　　肥牛树原产于亚热带气候的广西西部石灰岩山区，喜欢夏凉冬温，年差较小，日温差大，年降雨量1 400～1 500毫米的岩溶山原气候。它能忍受-4℃～-7℃的低温和较长时间的干旱，四季保持青绿，抗寒耐旱性较强。在石灰岩地区，不论石山、土山、山坡、平地、路旁、屋边都能够生长，而最适宜在pH值6.5～8的环境湿润、土壤较为肥沃的黑色或棕色石灰土上生长；在pH值4.5～5的酸性土壤上也能正常生长发育，但不如在中性至微碱性的石灰土上生长良好。种子千粒重80～95克，据广西畜牧研究所分析，含脂肪量高达44.68%，收获的种子若不加处理，则容易失去发芽能力。一般在适宜的环境条件下，种子落地后7～10天便可发芽出苗，一个月左右可长出1～2片真叶。

　　幼龄树苗生长很缓慢，据调查3年龄的植株平均高度3～3.5米，径围27～30厘米，但经砍收后的再生枝丛伸长较快，一年可伸长2米以上。肥牛树的寿命很长，据称可达数百年之久，仍生长不衰。肥牛树的根系发达，并具有分解利用石灰岩的能力，能在岩石的缝隙中长得枝叶繁茂。肥牛树的开花结实习性很不规则，有些年份开花结实较多，有些年份则少数植株或个别枝条开花结果。大叶型肥牛树一般是3-4月开花，6-7月果实成熟，小叶型肥牛树则6-7月开花，9-10月果实成熟。

知识点

常绿乔木

常绿乔木是一种终年具有绿叶的乔木，这种乔木的叶寿命是两三年或更长，并且每年都有新叶长出，在新叶长出的时候也有部分旧叶的脱落，由于是陆续更新，所以终年都能保持常绿，如樟树、紫檀、马尾松等。这种乔木由于其有四季常青的特性，因此常被用来作为绿化的首选植物，由于它们常年保持绿色，其美化和观赏价值更高。马尾松便是人们最为常见的一种绿化树木之一，我们常常会在公园、庭院、公司和学校等地方见到它们。

延伸阅读

肥牛树的饲用价值

肥牛树是中国特有的珍贵木本饲用植物，用途极广。叶含蛋白质较高，营养丰富，适口性好，牛、羊喜吃，肥牛树具有生长快，产叶量较高，收获期很长。一般每667平方米种60棵，3龄树平均每株年产叶25.8千克，最高可达40千克。10龄以上的每株可收叶50～100千克，高可达250千克以上，每667平方米产鲜叶6 000～9 000千克，可以连续长期收获。是冬季枯草期饲料不足的优良饲料植物。据有关部门分析，肥牛树干叶中含水分17.47%，碳水化合物22.98%，蛋白质13.23%，粗脂肪21.97%，还含有钾、钠、磷、钙、铁等无机盐。它的蛋白质含量比稻草和玉米秆还要高，每千克肥牛树鲜叶的粗蛋白含量，相当于290千克稻草或100千克青草的粗蛋白含量。用它喂牛犊，体重增加快，喂奶牛可增加牛奶产量。肥牛树除作饲用植物之外，其木质细微坚实，可作机械工业、建筑和家具用材，种子油可供工业用。此外，肥牛树较为耐粗放，四季青绿，也是绿化石山地区，营造饲料林、风景林的优良树种。

肥牛树是中国特有的珍贵树种，也是经济价值很高的木本饲料树，因此保护和发展肥牛树既绿化了石灰岩荒山又能发展畜牧业，是利国利民的大好事。因此，肥牛树发展前景十分广阔。

●珙　桐

　　珙桐有"植物活化石"之称，是国家8种一级重点保护植物中的珍品，为我国独有的珍稀名贵观赏植物，为世界著名的珍贵观赏树，常植于池畔、溪旁及疗养所、宾馆、展览馆附近，并有和平的象征意义，属于被子植物。材质沉重，是建筑的上等用材，可制作家具和作雕刻材料。

　　珙桐枝叶繁茂，叶大如桑，花形似鸽子展翅。白色的大苞片似鸽子的翅膀，暗红色的头状花序如鸽子的头部，绿黄色的柱头像鸽子的嘴喙，当花盛时，似满树白鸽展翅欲飞，并有象征和平的含义。

　　珙桐为落叶大乔木，高可达20米。此树为落叶乔木，树皮呈不规则薄片脱落。单叶互生，在短枝上簇生，叶纸质，宽卵形或近心形，先端渐尖，基部心形，边缘粗锯齿，叶柄长4～5厘米，花杂性，由多数雄花和一朵两性花组成顶生头状花序。花序下有2片白色大苞片，纸质，椭圆状卵形，长8～15厘米，中部以下有锯齿，核果紫绿色，花期4月，果熟期10月。

珙桐

珙桐的花紫红色，由多数雄花与一朵两性花组成顶生的头状花序，宛如一个长着"眼睛"和"嘴巴"的鸽子脑袋，花序基部两片大而洁白的苞片，则像是白鸽的一对翅膀。4~5月间，当珙桐花开时，张张白色的苞片在绿叶中浮动，犹如千万只白鸽栖息在树梢枝头，振翅欲飞。非常美观，因此英语称为"鸽子树"。

珙桐喜欢生长在海拔700~1 600米的深山云雾中，要求较大的空气湿度。生长在海拔1 800~2 200米的山地林中，多生于空气阴湿处，喜中性或微酸性腐殖质深厚的土壤，在干燥多风、日光直射之处生长不良，不耐瘠薄，不耐干旱。幼苗生长缓慢，喜阴湿，成年树趋于喜光。

在我国，珙桐分布很广。正如其名字一样，"珙桐之乡"的珙县王家镇分布着全国数量众多的珙桐。其他分布于陕西东南部镇坪、岚皋，湖北西部至西南部神农架、兴山、巴东、长阳、利川、恩施、鹤峰、五峰，湖南西北部桑植、大庸、慈利、石门、永顺，贵州东北部至西北部松桃、梵净山、道真、绥阳、毕节、纳雍，四川东部巫山，东南部南川，北部平武、青川，西部至南部汶川、灌县、彭县、宝兴、天全、峨眉、马边、峨边、美姑、雷波、筠连，云南东北部绥江、永善、大关、彝良、威信、镇雄、昭通等地。常混生于海拔1 250~2 200米的阔叶林中，偶有小片纯林。近年在四川省荥经县，也发现了数量巨大的珙桐林，达6 600公顷之多。在桑植县天平山海拔700米处，还发现了60多公顷的珙桐纯林，是目前发现的珙桐最集中的地方。自从1869年珙桐在四川穆坪被发现以后，珙桐先后为各国所引种，以致成为各国人民喜爱的名贵观赏树种。珙桐是被法国传教士大卫神甫作为西方人首次发现并命拉丁种名，大卫神甫也是为麋鹿命拉丁种名的人。1904年珙桐被引入欧洲和北美洲，成为有名的观赏树。

2008年4月，四川省荥经县龙苍沟乡会同该县宣传部、雅安电视台、荥经电视台在对龙苍沟乡旅游资源进行考察时意外发现了近6 600公顷珙桐群落，该消息先后被多家媒体报道。后经国内从事珙桐研究的权威专家，华中农业大学园艺林学院院长包满珠，湖北民族学院生科院罗世家教授在专程到现场实地考察后称，密集程度如此之高、面积如此之大的成片野生珙桐树，在国内乃至世界尚属罕见。

救救植物 JIUJIUZHIWU

📎知识点

被子植物

被子植物或显花植物是演化阶段最后出现的植物种类。它们首先出现在白垩纪早期，在白垩纪晚期占据了世界上植物界的大部分。被子植物的种子藏在富含营养的果实中，提供了生命发展很好的环境。受精作用可由风当传媒，大部分则是由昆虫或其他动物传导，使得显花植物能广为散布。

📚延伸阅读

珙桐的保护级别

该物种已被列为国家一级重点保护野生植物（国务院1999年8月4日批准）。

珙桐有"植物活化石"之称，是国家8种一级重点保护植物中的珍品，为我国独有的珍稀名贵观赏植物，又是制作细木雕刻、名贵家具的优质木材，因其花形酷似展翅飞翔的白鸽而被西方植物学家命名为"中国鸽子树"。为我国特有的单属植物，系第三纪古热带植物区系的孑遗种，也是全世界著名的观赏植物。由于森林的砍伐破坏及挖掘野生苗栽植，目前数量较少，分布范围也日益缩小，若不采取保护措施，有被其他阔叶树种取替的危险。

●梓叶槭————————————————————

梓叶槭为我国特有种。分布于四川，不仅分布区狭窄，且数量不多，零星散生于亚热带常绿阔叶林中。由于砍伐及毁林耕种，目前各产区极为罕见，已陷于濒危状态。

梓叶槭为落叶大乔木，高20～25米，胸径可达1米左右；树冠伞形，冠幅较大。叶厚纸质，卵形或长圆状卵形，长10～20厘米，宽5～9厘米，先端尾状钝尖，基部圆形或心脏形，老枝上的叶常不分裂，幼树或幼枝上的叶常在中部以下具2裂片，上面深绿色，无毛，有光泽，下面脉腋被丛毛，叶脉在两面均显著；

叶柄无毛，长5～14厘米。伞房花序长6厘米；花小，雄花与两性花同株，萼片及花瓣均为5，黄绿色；雄蕊8；花盘盘状，位于雄蕊外侧；花柱2裂，柱头反卷。翅果长5～5.5厘米，小坚果常2～3个，扁压状，长约1.5厘米，成熟时淡黄色，翅与小坚果张开成锐角或近于直角。

梓叶槭

梓叶槭仅零星分布于四川中部成都平原周围的雅安、荥经、天全、灌县、邛崃、大邑、成都、简阳及峨眉等地。生于海拔500～1 300米的林中。

梓叶槭分布区的气候温暖潮湿，雾期长，雨多，年平均温度17℃，年降水量1 400～1 600毫米。土壤为紫色砂岩及石灰岩风化而成的黄壤或山地黄壤，pH值5～5.5。常生于土层较厚、腐殖质含量丰富的低山或浅丘偏湿性常绿阔叶林中，高可达树冠第一亚层，郁闭度0.7～0.9。组成的建群种有楠木、润楠、栲树、菱叶山胡椒、黑壳楠、青冈、峨眉黄肉楠及红翅槭等。花期4月，果期8－9月。

梓叶槭为我国特有的珍稀树种，又为槭树科属中较原始的种类，对讨论该科的系统演化及地理分布等有重要的科学价值。其树干高大、材质坚硬、致密，为优良的用材树种，其树形优美，冠幅大，又可作绿化观赏树种。

 知识点

pH 值

氢离子浓度指数，是指溶液中氢离子的总数和总物质的量的比。它的数值俗称"pH值"。表示溶液酸性或碱性程度的数值，即所含氢离子浓度的常用对数的负值。

延伸阅读

绿化苗木

绿化苗木是指绿化用苗木有别于果树苗，它通常用于园林绿化、道路绿化、公园绿化、小区绿化等一切自然环境、生活环境、公共环境绿化之中。它能改善空气环境质量，增添生活的色彩，同时也能放松人们的工作与生活压力，感到心情愉悦。

●庙台槭 ————————————————————————

是秦巴山地特有种，呈星散分布。由于任意砍伐林木，植株稀少，天然更新困难，林下幼苗、幼树很少，若不采取有效保护措施，将陷入绝灭的险境。

落叶乔木，高10～25米；树皮深灰色，纵裂或片状剥落；幼枝红褐色或紫褐色，老枝灰色，深纵裂。叶纸质，宽卵形，长6.5～11厘米，宽6～8厘米，基部心形或近心形，稀截形，常3～5浅裂，裂片先端纯圆或短渐尖，边缘微呈浅波状，裂片间的凹缺钝形，上面沿叶脉常有短柔毛，下面被短柔毛，沿叶脉较密，基出脉3～5条，网脉明显；叶柄长6～10厘米。伞房花序顶生，总花梗长1.5～2.5厘米，花梗长1～1.5厘米；花杂性，直径约4～6毫米；萼片5，绿色，卵状长圆形，长约3毫米，边缘及下面被纤毛；花瓣5，

淡黄绿色，长约4.5毫米，宽约1.5毫米；雄蕊8，着生于花盘上，花药近球形；花盘、子房、花柱均无毛，柱头三裂。果序连同总梗长约5厘米，果梗长约3厘米；小坚果扁平，近圆形，直径约8毫米，密被淡褐色或黄色绒毛；翅长圆形，宽8～9毫米，连同小坚果长约3厘米，两翅水平开展。

庙台槭

分布区夏季气温稍低，冬春干冷，秋季多雨，年平均温度13℃，最低气温在0℃以下，最高气温约27℃左右，年降水量690～1 200毫米，多集中于7-9月。土壤为黄土、黄泥巴土和山地棕壤，庙台槭喜生于阳坡夏绿阔叶林或灌丛中主要伴生植物有粉背黄栌、圆叶鼠李、葱皮忍冬、辽东栎、线苞米面翁、大叶华北绣线菊等。花期5月，果10月成熟。

✏️ 知识点

雄　蕊

　　雄蕊是种子植物产生花粉的器官。由花丝和花药两部分组成。位于花被的内方或上方，在花托上呈轮状或螺旋状排列。数目因植物种类而异，通常，原始的种类数目多而不一定，较高等的种类数目趋于减少并达到一定的数目。一朵花中全部雄蕊总称雄蕊群。

📚 延伸阅读

落叶乔木三角枫

　　三角枫，落叶乔木；树皮暗灰色，片状剥落。叶倒卵状三角形、三角形或椭圆形，通常3裂，裂片三角形，近于等大而呈三叉状，顶端短渐尖，全缘或略有浅齿，表面深绿色，无毛，背面有白粉，初有细柔毛，后变无毛。伞房花序顶生，有柔毛；花黄绿色，发叶后开花；子房密生柔毛。翅果棕黄色，两翅呈镰刀状，中部最宽，基部缩窄两翅开展成锐角，小坚果突起，有脉纹。秋季金黄色，为优良的园林观叶树种。

● 金钱槭

　　特产我国，星散分布于中部和西南部山区。由于林木乱砍滥伐，致使金钱槭成年植株极为稀少，加上天然更新能力较弱，幼树很少，急需严加保护和进行人工繁殖。

金钱槭为落叶小乔木，高5~15米；冬芽裸露，细小，微被短柔毛。叶对生，奇数羽状复叶，长20~30厘米；小叶通常7~13，纸质，卵状长圆形或长圆状披针形，长5~11厘米，宽2~5厘米，先端渐尖，基部圆形，边缘具疏钝锯齿，上面绿色，无毛，稀沿中脉疏被短柔毛，下面淡绿色，仅脉腋具白色簇毛，侧脉10~12对；叶柄长5~10厘米，通常无毛。圆锥花序顶生或腋生，长15~30厘米，无毛；花梗长3~5毫米；花白色，杂性，雄花与两性花同株；萼片5；花瓣5，长约1毫米；雄蕊5，长于花瓣，但在两性花中则较短；子房扁平，被长硬毛，2室。翅果通常3个生于一个果梗上，圆形或近长圆形，周围有圆形或卵形的翅，长2~3厘米，宽1.7~2.5厘米，被长硬毛，成熟时淡黄色，无毛；种子近圆形，直径5~7毫米。

金钱槭分布区的气候特点是夏热冬冷，秋季多雨，湿度大，最低温度在0℃以下，年平均温度约14℃，年降水量690~1 200毫米，多集中在7-9月。土壤为山地黄棕壤、山地棕壤、山地黄褐土和山地褐土。喜生于阴坡潮湿的杂木林或灌木林中，适宜于散射光和光片、光斑的生境；在强光条件下，金钱槭逐渐消失。主要伴生树种有领春木、泡花树、槭树属、勾儿茶属等。6-7月开花，10月翅果成熟。

知识点

领春木

领春木，别名又叫云叶树、正心木和木桃，隶属领春木属昆栏树科树种，落叶小乔木，为典型的东亚植物区系成分的特征种，第三纪孑遗植物和稀有珍贵的古老树种，对于研究古植物区系和古代地理气候有重要的学术价值。

延伸阅读

金钱槭的保护价值

金钱槭果实奇特，又是我国特有的寡种属植物，在阐明某些类群的起源和进化、研究植物区系与地理分布等方面，都有较重要的价值。

10月果熟采收后去翅选种。种子失水后寿命短，应采用低温密封贮存。4月播种，翌年春季移植。3年生苗木可以定植。

在分布区内已建立的自然保护区，应将金钱械列为保护对象，其他地区亦应采取保护措施。产区林业部门及有关单位应积极进行繁殖试验。国内有些植物园已经引种。

● 华　榛

华榛是我国中亚热带至北亚热带中山地带阔叶林组成树种之一，能长成高大的乔木。由于森林过度砍伐，分布面积日益缩小，资源锐减，目前不仅大树罕见，残存植株也较稀少。果实为兽类喜食，更新十分困难，有被其他阔叶树种更替而陷入濒危绝灭的境地。

落叶乔木，高可达20米，树冠呈广卵形或圆形；树皮灰褐色，纵裂；小枝被长柔毛和刺状腺体，很少无毛、无腺体，基部通常密被淡黄色长柔毛。叶宽卵形、椭圆形或宽椭圆形，长8～18厘米，宽6～12厘米，先端骤尖或短尾

华榛

状，基部心形，两侧不对称，边缘有不规则的钝锯齿，上面无毛，下面沿脉疏被淡黄色长柔毛，有时具刺状腺体，侧脉7～11对；叶柄长1～2.5厘米，密被淡黄色长柔毛和刺状腺体。雄花序2～8，排成总状，长2～5厘米。果2～6枚簇生，长2～6厘米，直径1～2.5厘米，总苞管状，于果的上部缢缩，较果长2倍，外面疏被短柔毛或无毛，有多数明显的纵肋，密生刺状腺体，上部深裂，裂片3～5，披针形，通常又分叉成小裂片。坚果近球形，灰褐色，直径12厘米，无毛。

华榛分布区地处中亚热带至北亚热带，多生于中山地带。喜温凉、湿润的气候环境和肥沃、深厚、排水良好的中性或酸性的山地黄壤和山地棕壤。为阳性树

种，常与其他阔叶树种组成混交林，居于林分上层或生于林缘。根系发达，生长较快，在疏林下天然更新良好，幼树稍耐荫。花期4-5月，果期9-10月。

华榛为中国特有的稀有珍贵树种，是榛属中罕见的大乔木，其材质优良，种子可食，含油量50%，木材质地坚韧，树干端直。华榛的种子形似栗子，外壳坚硬，果仁肥白而圆，有香气，含油脂量很大，吃起来特别香美，余味绵绵，成为受人们欢迎的坚果类食品，有"坚果之王"的称呼，与扁桃、胡桃、腰果并称为"四大坚果"。华榛种子营养丰富，果仁中含有蛋白质、脂肪、糖类外，胡萝卜素、维生素B_1、维生素B_2、维生素E含量也很丰富；华榛种子中人体所需的8种氨基酸样样俱全，其含量远远高过核桃；华榛种子中各种微量元素如钙、磷、铁含量也高于其他坚果。华榛叶可以生产成十分珍贵的木材，其木材坚硬，纹理、色泽美观，可做小型细木工的材料；部分品种可作植被恢复及园林绿化树种。华榛是非常好的建筑木材并可制作器具。华榛生长较快，是产区的重要造林与干果树种，可供污染严重厂区绿化。

知识点

胡萝卜素

胡萝卜中含有大量的β-胡萝卜素，摄入人体消化器官后，可以转化成维生素A，是目前最安全补充维生素A的产品（单纯补充化学合成维生素A，过量时会使人中毒）。它可以维持眼睛和皮肤的健康，改善夜盲症、皮肤粗糙的状况，有助于身体免受自由基的伤害。不宜与醋等酸性物质同时服用。

延伸阅读

伯乐树

又名钟萼木，为我国特有种。零星分布于亚热带低山至中山地带。结实少，更新困难。为中性偏阳树种，幼年耐荫，深根、抗风、稍耐寒，不耐高温，生长缓慢。花期4-6月，果成熟于10月。

●七子花

七子花姿态优美，花期长；树干洁白、光滑，可与紫薇媲美；花形奇特，花色红白相间，繁花集于长花序，远望酷似群蜂采蜜，甚为奇观。七子花可作为优良的园林绿化观赏树种，具有较高的经济价值。七子花为小乔木，一般树高7米左右，茎干和树皮呈灰白色，片状剥落。七子花主要分布于湖北、安徽、浙江的大盘山、北山、天台山以及泾县、宣城等地区，在模式标本产地——湖北兴山已不存在七子花了。

落叶小乔木，高达7米；树皮灰褐色，片状剥落；幼枝略呈四棱形，红褐色。叶对生，厚纸质，卵形至卵状长圆形，长7～16厘米，宽4～8.5厘米，先端尾状渐尖，基部圆形或微呈心形，近基三出脉，3脉近平行，全缘或微波状，下面脉上被柔毛；叶柄长5～15毫米。圆锥花序顶生，长达15厘米。由多数密集呈头状的穗状花序组成；穗状花序有12轮，每轮有7朵花，包括1对有3朵花的聚伞花序和1朵顶生的单花，外面包有10～12枚鳞片状苞片和小苞片，小苞片各对形状大小不等，最外一对有缺刻；萼筒长约2毫米，被白色刚毛，萼齿5，长圆形；花冠白色，稍芳香，筒状漏斗形，外面密生倒向短柔毛，裂片5，近唇形；雄蕊5；子房下位，3室，仅1室能育。果为瘦果状核果，长圆形，长1～1.5厘米，外具10条纵棱和疏生糙毛，冠以宿存而增大的5萼裂片，裂片紫红色。

本种分布于丘陵低山。分布区雾多而凉爽，年平均温度15.4℃～16.2℃，1月平均温度2.9℃～4.4℃，7月份平均温度27.4℃～28℃，极端最低温度-6.1℃，年降雨量1 278～1 547毫米，雨日较多，湿度大，夏季相对湿度常在90%左右。土壤由红壤逐步过渡到黄壤，酸性反应。常生于低山坡、山沟溪边疏林灌丛中或毛竹林边缘，很少长在山顶与山脊灌丛中。伴生植物主要有小构树、金钟花、青荚叶、下江忍冬等；上层乔木有大叶稠李、长杜紫茎与木

七子花

荷等。本种于3月中下旬展叶，5月上中旬出现花蕾，到7月初开花，花期较长，可延至9月上旬，果实于10月成熟。

通常分布于海拔600～1000米低山坡、山沟溪边灌丛中，或毛竹林边缘，很少生长在山顶和山。分布于湖山、浙江及安徽省的部分地区。由于多年砍伐，植株数量不断减少，日前杭州植物园已引种成功。

七子花的模式标本采自湖北兴山，以后在原产地再未采到过标本，现仅在中国东部中亚热带常绿阔叶林林缘或疏林内有零星或小片分布。但由于多年砍伐，植株已不断减少。

知识点

毛 竹

又名"楠竹"、"孟宗竹"、"江南竹"、"茅竹"。禾本科竹亚科刚竹属，单轴散生型。常绿乔木状竹类植物，竿大型，高可达20米以上，粗达18厘米。毛竹竿高，叶翠，四季常青，秀丽挺拔，经霜不凋，雅俗共赏。自古以来常置于庭园曲径、池畔、溪涧、山坡、石迹、天井、景门，以及室内盆栽观赏。常与松、梅共植，被誉为"岁寒三友"。又无毛无花粉，在精密仪器厂、钟表厂也极适宜。毛竹林面积大、分布广、经济价值较高，生产潜力很大，发展毛竹生产具有重要现实意义。

延伸阅读

七子花濒危原因

七子花被列为国家二级重点保护植物，目前仅间断分布于中国的浙江和安徽两省。

为揭示其濒危原因，从地质历史时期的植物变迁、现代地理分布与资源状况、生物学和生态学特性及人为干扰的影响等方面对以往研究进行总结分析。研究表明：历史时期气候变迁可能导致七子花分布区大幅度缩小和种群数量急剧下降，加之后来人为干扰严重，从而造成如今资源稀少且呈片断分布的现状；种群片断化过程中的建立者效应和瓶颈效应造成了七子花的遗传多样性水平较低和种群间明显的遗传分化，并可能由此产生了有性生殖障碍，降低了其生态适应能力，即使强度不大的人为干扰，也对种群的生存构成威胁。因而在目前状态下，建议在种群规模大、遗传多样性高的七子花分布地设立自然保护区或保护点进行就地保护，对生境退化、规模较小的种群采取迁地的保护措施，并通过人工繁育七子花幼苗扩大种群规模。

● 榆绿木 ———————————————————————

常绿乔木，高达20米，胸径可达1米；枝条纤细，略下垂；幼枝与叶密被锈色丝状毛，老时脱落。叶近对生或互生，稀对生，披针形或卵状披针形，长5~8厘米，宽2~3厘米，先端渐尖，基部渐狭或钝圆，下面被疏柔毛，侧脉5~7对；柄长2~6毫米，被毛。花无梗，多数，集成腋生或顶生头状花序，花序梗长1~1.8厘米，密被锈色绒毛，托以长2厘米、宽1厘米的叶状苞片；萼管杯状，长2~2.5毫米，被黄色柔毛；花瓣缺；雄蕊10柱，2轮，着生于萼管上；子房下位，1室，外面多绒

榆绿木

毛，两侧有翅，胚珠2，花柱锥形，长2~3毫米。假翅果组成头状果序，果长4毫米，宽5毫米，翅近方形，先端具喙，被绣色柔毛，种子1枚。

榆绿木在中国仅分布于云南盈江、思茅、景洪等县的局部河谷地区，约北纬22°03′~24°40′，东经97°50′~100°60′。分布区属热带季节性雨林和石灰岩山季雨林。垂直分布在500~800米。印度、柬埔寨、老挝、缅甸、越南也有分布。

救救植物 JIUJIUZHIWU

🔎知识点

思 茅

思茅，我国曾经存在的一个城市名，即原思茅市，在云南省。2007年更名为普洱市。此外，思茅也是普洱市下辖区，即思茅区，2007年由翠云区更名而来。另外，思茅亦为镇名，即思茅镇，在云南省普洱市思茅区。

延伸阅读

榆绿木的实用价值

榆绿木材质纹理美观、有光泽、无特殊气味。板材较宽，外观典雅大方，整体效果好。木材干缩极小、开裂和变形小、结构细匀、弹性好。6道底漆和2道面漆特殊工艺，漆面附着力和耐刮力超强。漆膜硬度高达4H级，地板经久耐用、耐冲击。生产环节实现高度环保，不含甲醛、苯、二甲苯等有害物质。

经过5道紫外线光固化处理，漆膜很难变色，抗黄变性优异。漆面的固含量高，漆膜的抗老化能力强，经久耐用。漆面不含油性成分和聚胺酯等燃稀物质，抗温、阻燃性能强。集UV产品和PU产品的优异性能为一体，在耐磨的同时具有优异的触感性。

●百山祖冷杉 —————————————————————

系近年来在我国东部中亚热带首次发现的冷杉属植物。由于当地群众有烧垦的习惯，自然植被多被烧毁，分布范围狭窄。加以本种开花结实的周期长，天然更新能力弱。目前在自然分布仅存林木5株，其中1株衰弱，1株生长不良。

常绿乔木，具平展、轮生的枝条，高17米，胸径达80厘米；树皮灰黄色，不规则块状开裂；小枝对生，1年生枝淡黄色或灰黄色，无毛或凹槽中有疏毛；冬芽卵圆形，有树脂，芽鳞淡黄褐色，宿存。叶螺旋状排列，在小枝上面辐射伸展或不规则两列，中央的叶较短，小枝下面的叶梳状，线形，长1~4.2厘米，宽

2.5～3.5毫米，先端有凹下，下面有两条白色气孔带，树脂道2个，边生或近边生。雌雄同株，球花单生于去年生枝叶腋；雄球花下垂；雌球花下垂；雌球花直立，有多数螺旋状排列的球鳞与苞鳞，苞鳞大，每一珠鳞的腹面基部有2枚胚珠。球果直立，圆柱形，有短梗，长7～12厘米，直径3.5～4厘米，成熟时淡褐色或淡褐黄色；种鳞扇状四边形，长1.8～2.5厘米，宽2.5～3厘米；苞鳞窄，长1.6～2.3厘米，中部收缩，上部圆，宽7～8毫米，先端露出，反曲，具突起的短刺状；成熟后种鳞、苞鳞从宿存的中轴上脱落；种子倒三角形，长约1厘米，具宽阔的膜质种翅，种翅倒三角形，长1.6～2.2厘米，宽9～12毫米。

百山祖冷杉产地位于东部亚热带高山地区，气候特点是温度低，湿度大，降水多，云雾重。年平均温度8℃～9℃，极端最低–15℃；年降水量达2 300毫米，相对湿度92%。成土母质多为凝灰岩、流纹岩之风化物，土壤为黄棕壤，呈酸性，pH值4.5，有机质含量3.5%。自然植被为落叶阔叶林，伴生植物主要有亮叶水青冈，林下木为百山祖玉山竹和华赤竹。本种幼树极耐阴，但生长不良。大树枝条常向光面屈曲。结实周期4～5年，多数种子发育不良，5月开花，11月球果成熟。

百山祖冷杉

📝 知识点

亚 热 带

亚热带（Subtropics），又称副热带，是地球上的一种气候地带。一般亚热带位于温带靠近热带的地区（大致23.5°N～40°N、23.5°S～40°S附近）。亚热带的气候特点是其夏季与热带相似，但冬季明显比热带冷。最冷月均温在0℃以上。

📚 延伸阅读

百山祖冷杉的保护价值

1976年定名发表的百山祖冷杉，是我国浙江省百山祖自然保护区的特有植物，在号称浙江第二高峰百山祖主峰西南侧1700米以上山谷沟旁的亮叶水青冈林中，目前这种冷杉自然生长的仅有4株树。由于种种原因，这种冷杉自然有性繁殖十分困难，常规人工无性繁殖也困难，濒临物种灭绝境地。为了引起人们的重视，1987年2月，国际物种保护委员会（SSC）将百山祖冷杉公布列为世界最濒危的十二种植物之一。

百山祖冷杉是我国特有的古老残遗植物，是苏、浙、皖、闽等省唯一生存至今的冷杉属中的珍稀物种，对研究植物区系和气候变迁等方面有较重要的学术意义。冷杉是裸子植物中的一个小家族，但家族成员也不少，仅中国就有20多种，其中7种被列为国家保护植物。

● 四数木 --

四数木，四数木科，落叶大乔木。

落叶大乔木，高25～45米，枝下高20～35米，胸径60～120厘米，具明显而巨大的板状根；树皮粗糙，灰白色；着花的小枝粗壮，上面叶痕明显突起。叶互生，宽卵形或近圆形，长10～26厘米，宽9～20厘米，纸质，先端短尾尖至近渐尖基部微心脏形或近圆形，边缘有锯齿，幼叶兼有角状齿裂，两面有稀疏短柔毛，下面脉上的毛较多；叶柄长3～12厘米。花单性，雌雄异株，4基数，无花瓣，开于叶前；雄花序圆锥状，长10～20厘米；雌花序通常穗状，长8～20厘米，着生清真小枝近顶部。蒴果球形或卵球形，坛状，膜质，长4～5毫米，成熟时黄褐色，外面具8～10脉，在顶端于花柱间开裂；种子细小，多数，微扁，长0.5毫米以下。

分布区内年平均温度21℃，极端最低温度2℃，全年中干（11–4月）、湿（5–10月）季交替分明，干季有雾，大气湿度可以补偿水分的不足，年降水量1 200～1 500毫米。产地的基质为二叠纪石灰岩，具喀斯特地形，林下岩石裸露，尖利的石牙一般高出0.5～1.0米，形成上有森林、下有石林的特殊景观。土壤仅见于岩缝石隙间，为多腐殖质的褐色石灰土或黑色石灰土，pH值6.8～7.5。四数木的根系穿插伸延面积较大，能更多地摄取土壤中的水分和养分；树冠明显突出于主林层之上。伴生乔木有多花嘉榄、油朴、轮叶戟、绒毛紫薇等。3月上旬开始抽出花序，4月上旬至中旬为盛花期，5月上旬至中旬为果熟期，同时开始萌芽展叶，11月中旬开始落叶。种子极多数，但发育成熟者少。虽然天然繁殖能

四数木

力差，一旦种子萌发，生长极为迅速。

在中国，主要分布于云南南部景洪、勐腊、金平，西南部耿马和西部盈江等地。散生于海拔500～700米的石灰岩山地雨林。亚洲热带其他地区也有分布。

落叶大乔木，高25～45米，胸径60～120厘米。在我国主要分布在云南局部地区，散生在海拔500～1 000米的雨林中。4月开花，5月果熟，种子多，但发育少，生长极为迅速。

知识点

大气湿度

何为大气湿度？它对人体健康又有什么影响呢？所谓大气湿度就是指空气中的潮湿程度，它表示当时大气中水汽含量距离大气饱和的程度，一般用相对湿度百分比来表示大气湿度的程度。在一定气温下，大气中相对湿度越小，水汽蒸发也就越快；反之，大气中相对湿度越大，水汽蒸发也就越慢。在人们实际生活中，冬春季会感到空气干燥，夏季出现天气闷热的现象，这都是由于大气中湿度的变化在起作用。

延伸阅读

四数木采种

四数木采种应选择15～40年生的健壮母树。9月下旬至10月上旬当聚合果由红变紫、内种皮发黑时，即可采种。采摘后在室内后熟一段时间（5～7天），待果壳自然开裂后取出种子，放流水中1～2天，当假种皮软化后，放在清水中擦去油脂状的外种皮。脱脂越净，发芽率越高。将洗净的种子在室内摊数天阴干，通常采用湿沙贮藏。注意经常检查，发现有霉烂变质种子，应立即翻沙消毒，检出坏种子，淘汰率为7%左右。种子千粒重100～120克，每千克种子有1.0万～1.2万粒。发芽率86%。

●盈江龙脑香

盈江龙脑香为大乔木，具芳香树脂，高约40～50米；树皮灰白色，纵裂，具皮孔；枝条有环状托叶痕；托叶大，被深褐色星状毛或绒毛，有时变无毛。叶革质，长圆形，长16～25厘米，宽10～17厘米，先端具短尖，基部圆形或楔形，背面明显突起，被疏毛，侧脉15～20对。总状花序腋生，具6～9花，长10～20厘米，疏被星状毛；花瓣5，白色或粉红色，线状匙形，先端钝，长约4厘米；雄蕊约30，长

盈江龙脑香

12～15毫米；花柱圆锥状，中部以下被毛。果实圆形或卵圆形，密被绒毛，2枚增大的果翅为线状长圆形或披针形，长10～20厘米，宽2～4厘米，有明显的脉3～5条，疏被星状毛。

盈江龙脑香分布于局部沟谷雨林中。该乔木常与云南娑罗双混生，是产地热带雨林主要树种之一。分布区年平均温度22.7℃，最冷月平均温度15℃，极端最低温度2℃以上；年降水量2 856毫米，90%集中在5-9月，相对湿度82.1%。土壤为发育在玄武岩上的赤红壤，土层深达1米以上。花期6-7月，果期11-12月。

仅在云南盈江县30平方千米范围内，有零星分布。由于长期毁林开荒，森林面积不断减少，产区生境恶化，严重威胁该树种的存活。本树种对研究中国热带植物区系和物种资源保存有重要价值。材质好，出材率高，是优良的用材树种。

🖉知识点

玄武岩

玄武岩属基性火山岩。是地球洋壳和月球月海的最主要组成物质，也是地球陆壳和月球月陆的重要组成物质。1546年，G．阿格里科拉首次在地质文献中，用basalt这个词描述德国萨克森的黑色岩石。汉语玄武岩一词，引自日文。日本在兵库县玄武洞发现黑色橄榄玄武岩，故得名。

同科植物无翼坡垒

无翼坡垒是近年来发现的新种，为海南特产的稀有树种。由于长期遭受人为破坏，大多数已沦为次生状态。高15米，胸径50厘米；树皮青灰褐色，具明显环纹，内皮黄白色至黄褐色；小枝略呈"之"字形，幼时密被灰黄色绒毛。叶互生，革质，卵形或卵状披针形，长3.5～7.5厘米，宽1.5～3.5厘米，基部略圆，通常偏斜，稀微心形，基出脉5～6条，小脉结成网状；叶柄长6～8毫米，幼时密被灰黄色绒毛。圆锥花序顶生或生于上部叶腋，长6～11厘米；萼片5，覆瓦状排列；花瓣5，粉红色，长约5毫米，顶部一侧凹缺；雄蕊15，排成2轮，药隔伸出成长约1.3毫米的丝状附属物；子房上位，卵圆形，3室，每室有2个胚珠。坚果卵圆形，长约13毫米，宿萼不扩大成翅。

●黄　檗————————————————————————————

黄檗为落叶乔木，高15～22米，胸径可达1米；树皮灰褐色至黑灰色，深纵裂，木栓层发达，柔软，内皮鲜黄色；小枝橙黄色或淡黄灰色，有明显的心形大叶痕；

黄檗

裸芽生于叶痕内，黄褐色，被短柔毛。奇数羽状复叶，对生或近互生；小叶5～15，卵状披针形或卵形，长5～11厘米，宽2～4厘米，先端长渐尖，基部圆楔形，通常歪斜，下面主脉或主脉基部两侧有白色软毛，边缘微波状或具不明显的锯齿，齿间有黄色透明的油腺点。花单性，雌雄异株，聚伞状圆锥花序顶生；花小，黄绿色，萼片5，卵状三角形，长12毫米，花瓣5，长圆形，长3毫米；雄花的雄蕊5，与花瓣互生，较花瓣长1倍，退化子房小；雌花的雄蕊退化成小鳞片状，子房倒卵圆形，有短柄，5室，每室有1胚珠。浆果状核果近球形，成熟时黑色，有特殊香气与苦味；种子2~5，半卵形，带黑色。

黄檗主要分布区位于寒温带针叶林区和温带针阔叶混交林区。为湿润型季风气候，冬夏温差大，冬季长而寒冷，极端最低温度约-40℃，夏季较热，年降水量400~800毫米。为阳性树种，根系发达，萌发能力较强，能在空旷地更新，而林冠下更新不良。对土壤适应性较强，适生于土层深厚、湿润、通气良好的、含腐殖质丰富的中性或微酸性壤质土。在河谷两侧的冲积土上生长最好，在沼泽地、黏土上和瘠薄的土地上生长不良。黄檗在东北林区，常散生在河谷及山地中下部的阔叶林或红松、云杉针阔叶混交林中；在河北山地则常为散生的孤立木，生于沟边及山坡中下部的杂木林中。花期5—6月，果熟期9—10月。

黄檗系第三纪古热带植物区系的孑遗植物，是中国的珍贵药材树种。由于过度采伐，资源越来越少，陷入濒危状态。

📎 知识点

复 叶

复叶是由多数小叶组成，如与同等大小的单叶来比较，虽然叶片的总面积减少了，但遭受风、雨、水所加到叶片上的压力或阻力却少得多，这是对环境的一种适应。根据小叶在叶轴上排列方式和数目的不同，可分为掌状复叶、三出复叶、羽状复叶。若干小叶集生在共同的叶柄末端，排列成掌状，称为掌状复叶，如七叶树。3枚小叶集生于共同的叶柄末端，称为三出复叶，如苜蓿。小叶排列在叶柄延长所成的叶轴的两侧，呈羽状，称为羽状复叶。

📚 延伸阅读

黄皮树

黄皮树为落叶乔木，高10~12米。树皮外观棕褐色，可见唇形皮孔，外层木栓较薄。奇数羽状复叶对生；小叶7~15，长圆状披针形至长圆状卵形，长9~15

厘米，宽3～5厘米，先端长渐尖，基部宽楔形或圆形，不对称，近全缘，上面中脉上具有锈色短毛，下面密被锈色长柔毛，小叶厚纸质。花单性，雌雄异株；排成顶生圆锥花序，花序轴密被短毛。花紫色；雄花有雄蕊5～6，长于花瓣，退化雌蕊钻形；雌花有退化雄蕊5～6，子房上位，有短柄，5室，花柱短，柱头5浅裂。果轴及果皮粗大，常密被短毛；浆果状核果近球形，直径1～1.5厘米，密集成团，熟后黑色，内有种子5～6颗。花期5-6月，果期10～11月。

● 琅玡榆

琅玡榆为落叶乔木，高15～20米；树皮淡褐灰色，裂成薄片脱落；小枝幼时密被柔毛，后变无毛，灰色或暗灰色，无木栓翅。冬芽卵圆形，芽鳞被毛。叶互生，宽倒卵形、长圆状倒卵形或长圆状椭圆形，长6～18厘米，宽3～10厘米，先端短尾尖或尾状渐尖，基部偏斜，楔形至心形，边缘具重锯齿，上面密被短硬毛，粗糙，下面密被柔毛，侧脉15～21对；叶柄长1～1.5厘米，密被长柔毛。春季先叶开花，在去年生枝叶腋排成簇状聚伞花序。翅果窄倒卵形、长圆状倒卵形或宽倒卵形，长1.5～2.5厘米，宽1～1.7厘米，两面及边缘疏被或密被柔毛，果核位于翅果的中上部，上端接近缺口，果梗长12毫米，被短毛。

琅玡榆分布区夏季受东南季风的影响，气候温暖湿润；冬季受大陆性气流的袭击，气候较寒冷干燥。年平均温度15℃，1月平均温度1.8℃，7月平均温度28℃；年降水量1000毫米以上，集中在6、7、8三个月；相对湿度夏秋在70%以上，冬春偏低。土壤为石灰岩发育的中性黏土或钙质土，pH值6.5～7.5。琅玡榆根系发达，耐干旱瘠薄，能生于岩石裸露、土层浅薄的立地条件，但在土层深厚、肥沃之处生长较快。为喜光树种，林内被压树生长不良。

琅玡榆为我国特有种，对研究植物区系及种质保存有一定意义。材质好，可用作江淮地区石灰岩山地造林树种。

滁州琅玡山现为风景旅游区，由于游人众多，林下幼树、小苗常遭践踏和破坏，应加强对现有母树的保护和幼树的抚育管理，并采种繁育，扩大种植。

琅玡榆目前仅见于安徽和江苏的个别山地，分布面积窄小，数量甚少，如在安徽琅玡山，约有大小树30余株，胸径30厘米以上的母树仅5株，林下幼树处于被压状态，急需采取有效的保护措施。

知识点

琅 玡

琅玡，也做琅琊、琅邪等，一般指中国山东省境内的古地名，其范围和治所历代有变化，主要是一个郡或侯国。

延伸阅读

榆 树

落叶乔木，高达25米。树干直立，枝多开展，树冠近球形或卵圆形。树皮深灰色，粗糙，不规则纵裂。单叶互生，卵状椭圆形至椭圆状披针形，缘多重锯齿。花两性，早春先叶开花或花叶同放，紫褐色，聚伞花序簇生。翅果近圆形，顶端有凹缺。花期3-4月，果熟期4-5月。

榆 树

●香木莲

常绿乔木，高达30米，胸径可达1.4米；树皮灰色，光滑；新枝淡绿色，除芽被白色平状毛外，其余均无毛，各部揉碎有芳香。叶革质，倒披针状长圆形至倒披针形，长1～25厘米，宽6～9厘米，先端短渐尖或渐尖，基部楔形，侧脉12～16对；叶柄长1.5～4.5厘米；托叶痕为叶柄长的1/4～1/3。花芳香，花被片11～12，外轮3片淡绿色，狭倒卵状长圆形，长7～11厘米，内3轮，纯白色，厚肉质，倒卵状匙形，长7～11厘米，基部收狭成爪；雄蕊约100枚，长1～1.8厘米，花药内向开裂；雌蕊群球形，长1.8～2.4厘米。聚合果成熟时鲜红色，近球形或卵状球形，直径5～8厘米；成熟的果实沿腹缝及背缝开裂。

香木莲分布于石灰岩山地。分布区地跨南亚热带季风常绿阔叶林地带和北热带季雨林、雨林地带，但只生长在垂直带中，山原的气候较为温凉湿润，年平均温度18℃～20℃，冬无严寒，夏无酷暑，如位于海拔约800米的广西那坡，最冷月平均温度为10.6℃，最热月平均温度为24.4℃，年降水量1 300～1 700毫米，年平均相对湿度在80%以上，霜期很短，有时全年无霜。在石灰岩山坡地岩石裸露、土壤稀少的石隙亦可生长，但以在沟谷或山坡下部、土壤覆盖率较大、土层较深厚的环境生长良好。土壤为石灰岩土，pH值7.0～7.7，腐殖质层厚13～30厘米，有机质含量15%～19%。常与大果楠、鹿角锥、南酸枣等混生成林。香木莲为阳性树种，在森林中多为上层乔木，具有板根，主根发达。每年初春更换新叶，4月中旬至5月上旬为花期，开花甚多，但结实率低，9-10月果熟。由于红色外种皮含有油质，致使种子不易发芽，又因林地潮湿，种子容易腐烂，天然更新能力很差，林下幼树及幼苗极少。

分布于云南、广西；零星分布于云南东南部广南县瓦厂，西畴县法斗、小桥沟，马关县沙夏及广西西南部龙州、那坡、百色等地。生于海拔800～1 550米，石灰岩山地。

知识点

聚合果

聚合果，是指一朵花的许多离生单雌蕊聚集剩余花托，并与花托共同发育的果实。每一离生雌蕊各发育成一个单果，根据单果的种类可将其分为聚合瘦果（如草莓），聚合核果（如悬钩子等），聚合坚果（如莲等）和聚合蓇葖果（如八角，芍药等）。

延伸阅读

香木莲胚胎学研究

对香木莲的大、小孢子发生以及雌、雄配子体发育过程进行了研究，并结合已有的资料归纳出木莲属的胚胎学特征。香木莲花药四囊型，腺质绒毡层有1～2层细胞，小孢子形成时胞质分裂方式为修饰性同时型，小孢子四分体排列方式为交叉型，有时为左右对型，成熟花粉粒为二细胞型。胚珠倒生，厚珠心，双珠被，大孢子四分体呈直线排列，功能大孢子位于合点端。胚囊发育属于蓼型。木莲属的胚胎学特征与木兰属、含笑属、鹅掌楸属等植物的胚胎学特征基本相同，都属于较原始的被子植物胚胎类型。

● 隐　翼

常绿乔木，高12～30米，胸径可达50厘米；树冠圆球形；枝条扁圆，无毛，有皮孔及纵纹。叶对生，革质或薄革质，宽椭圆形，长圆形至长圆状披针形，长7～17厘米，宽3～7厘米，先端急尖或短尾尖，基部楔形或近圆形，全缘，无毛，有光泽，侧脉6～10对，在下面明显凸起；叶柄长5～7毫米，粗壮。雌雄异株或花杂性，圆锥花序由数总状花序组合而成，腋生，长20～35厘米，被纤细微柔毛；每一花序具花100余朵；花极微小，盛开时带绿白色，香气浓郁；无花瓣；花萼浅杯状半球形，外面密被灰色绒毛，萼齿5，三角形，长0.5～1毫米；雄花的雄蕊5，

与萼齿互生，着生于萼筒边缘，花丝长2～5毫米，长于裂片，花药扁圆，子房退化；雌花的雄蕊缩短，明显短于萼齿，子房膨大，圆球形，直径2～5毫米，密被灰白色绒毛，2室，胚珠多数，花柱2裂，柱头近盘状，顶端中部凹。蒴果扁球形，被长柔毛，直径约2毫米，顶端有椽，花柱宿存，成熟时室间开裂，果梗长约1毫米；种子多数，扁椭圆形，极小，两端及一侧有半透明膜质窄翅。

隐翼

　　隐翼在中国分布于云贵高原南端，东经98°9′～104°5′，北纬21°07′～23°07′，地处东南亚热带边缘。其分布区年平均温度不低于20℃；年降水量在1 200毫米以上，雨量分布不均，多集中在5–10月，但旱季有大雾可补偿水分之不足。土壤为砖红壤，pH值4.5～5.5，枯枝落叶分解迅速，有机质丰富。隐翼生长在绿荫苍翠、森林茂密、常年潮湿的林中，喜微弱光照。与其伴生的主要树种有绒毛番龙眼、轮叶戟、八宝树、窄叶翅子树、棒柄花等植物。花期7–8月，果期9–11月。

　　在中国，目前仅产云南屏边石极乡、金平勐喇、西双版纳勐膜勐、景洪攸乐山及沧源班洪等地。生于海拔300～1 300米的山谷、林缘、溪边。亦分布于印度、老挝、越南、马来西亚、印度尼西亚及菲律宾等地。

知识点

八 宝 树

　　八宝树为五加科常绿小乔木，掌状复叶，小叶8枚左右，故而得名，其中文学名叫"鹅掌柴"。可高达30米,枝下垂，幼枝具四棱。叶阔长圆形或卵状长圆形，基部心形。伞房花序顶生，萼片5～7，绿色，花柱长3～5厘米。叶片浓绿，树形丰满，美观大方。它的适应能力强，为优良的盆栽观叶花木。适合于阳台、会议室、客厅、书房和卧室绿化装饰。在明亮且有阳光斜照的室内可长期观赏；

没有光照的室内观赏，夏秋季10～15天、冬春季30～50天宜出室移到日照2～3小时的场地莳养，以避免落叶而降低观赏价值。

延伸阅读

隐翼采种

种子在11月下旬成熟，当果实由青转变为蓝黑色时，即可采集，宜选20年生以上健壮母树采种，用钩刀、高枝剪采果枝或用竹竿击落收集种子。采回后，将果实放在竹箩内用脚或手搓擦去果皮，放在清水中，漂洗干净，置于通风室内阴干，待种壳水迹消失后，即或贮藏。果实出子率40%～50%，种子失水后易丧失发芽力，故多采用湿润河沙分层贮藏，沙子含水量5%左右，沙子过干，种子失水，种皮开裂，导致子叶发霉，丧失发芽力。如需催芽播种，可贮藏在温度较高或有阳光照射的地方，立春前后种子开始大量萌动，播种后可提早数天发芽。

● 广西青梅

常绿乔木，高达35米，胸径50厘米；树干创伤处有淡黄色透明树胶凝结，略带香气；1年生小枝和嫩叶、花序、花萼、花瓣及果均密被黄棕色至棕色星状毛，老枝和老叶近无毛。叶互生，革质，狭长椭圆形至倒披针状椭圆形，长6～17厘米，宽1.6～4.0厘米，先端渐尖，基部楔形，全缘，侧脉15～20对；叶柄长1.2～1.5厘米；托叶线状披针形。圆锥花序长3～9厘米；花直径1.5～2.0厘米；花萼裂片5，大小不等，镊合状排列；花瓣5，旋转排列，略带淡紫红色，长1.1～1.3厘米，宽4.5～5.5毫米；雄蕊15，花丝不等长；子房近球形，被毛，3室，每室有2胚珠。蒴果近球形，直径0.8～1.1厘米；宿存花萼裂片2枚扩大成翅，长圆状狭椭圆形，长6～8厘米，宽1.5～2.0厘米，具纵脉5，其余3枚披针形，长1.5～2.1厘米，宽3～4毫米；果内有1～2种子。

广西青梅是热带树种，喜冬季温暖，夏不酷热，常年高湿的气候。分布区年

平均温度18℃～20℃，7月平均温度24℃，1月平均温度在11℃以上，全年基本无霜，年降雨量1 500～1 600毫米，多集中在5-9月，年平均相对湿度81%以上。土壤为砖红壤性红壤，疏松，肥活，pH值6.0左右。广西西青梅为偏阳性树种，幼龄阶段耐阴，而且要求蔽荫，随着树龄的增大逐渐喜光，天然更新良好，伐根萌发力强。它是热带沟谷雨林上层树种，伴生树种有乌榄、无忧花、单竹、梭子果等。2～3年开花结实一次，5月中旬开花，7-8月果实成熟

目前仅见于广西那坡县南部六韶山，海拔500～600米的沟谷中。约为北纬23°07′，东经105°42′。

广西青梅是在中国新发现的典型热带树种，对研究中国热带植物区系有一定的意义。树干通直圆满，木材结构细致，材质坚重，耐腐，是很有发展前途的珍贵用材树种。

知识点

无忧花

无忧花，又名火焰花，为苏木科无忧花属，常绿乔木，枝叶浓密，花大而色红，盛开时远望如团团火焰，因而得名。无忧花属偏阳性树种，喜充足阳光，对水肥条件要求稍高，病虫害少，容易管理，集绿化、美化、采花于一身。

延伸阅读

广西青梅群落的结构

该群落在调查中首次发现，除青沟两边和小山头有断续的森林分布外，四周均是2米多的高禾草。由于群落内广西青梅正处于中龄期，并且样地分布的海拔偏高，群落高度不及保护区西面的同一类型群落，但在样地内株数之多，却是罕见的，在一块30米×50米的样地中，有93株挺拔的广西青梅。群落盖度95%，高度30～35米，由于人迹罕至，呈原始状态。茅草山广西青梅群落无论从外貌、结构和种的组成上，都具备热带雨林所应有的特征，因此它属热带

季节雨林范畴。广西青梅作为乔木上层优势树种，亦存在于老挝北部季节雨林中，而其在中国境内的分布，北界未能越过南贡山，并且该群落随着分布往北的延伸，广西青梅在群落的个体数量逐渐减少。在中、老边界的茅草山，乔木上层的广西青梅每公顷有336株，长势良好，而在北部末端南沙河下游广西青梅每公顷仅有13株。

从乔木树干径级分布看，群落径级结构呈正金字塔状，群落生产力极高、极富生命力；从更新特征看，广西青梅更新中等，需对该树种加强保护，保存好这片珍贵的原始热带雨林。

●松毛翠

分布于吉林长白山与新疆阿尔泰山区，生于海拔1 700～2 500米的高山上。俄罗斯、蒙古北部、朝鲜、日本以及欧洲、北美也有分布。分布区夏季凉爽，7月平均温度8℃～14℃，冬季酷寒，持续时间长，生长期仅70余天。长白山产区1月平均温度−19℃～−23℃；阿尔泰山产区11月至翌年3月气温都在−10℃以下，1月平均温度−29℃。长白山产区常年多风，多雾，雾日约200～250天，天气多

松毛翠

变，飘云降水，雨雾不分，日照时数较少，但晴天光照强度相对比山下部强，年降水量1 000～1 400毫米；阿尔泰山产区雨量较少，年降水量300～600毫米，由于气温低，蒸发弱，湿度较大。长白山产区土壤瘠薄，成土母质和基岩主要是凝灰角砾岩、浮石和火山灰等；而阿尔泰山产区土层较厚，绝大多数为酸性变质岩和花岗岩，山地生草弱灰化土及部分冰沼土和亚高山草甸土；两地土壤呈酸性反应，pH值5.2～6.9。松毛翠多生长在阴坡和半阴坡，耐湿，也比较喜光。喜酸性土壤和寒湿温凉气候，耐寒力强。花芽在秋末开始形成，至第二年春末夏初继续发育，于6月末开始开花，个别植株开花可迟至8月初。蒴果7-8月成熟。

松毛翠除长白山有分布外，中国国内新疆阿尔泰山区也有分布。它生长在高海拔寒冷潮湿的山地，长白山火山灰形成的酸性土壤也是产地生境的重要表现。松毛翠常常与牛皮杜鹃相伴而生长，密集而呈垫状植被，根系十分发达，成为苔原带水土保持的重要植物，在产地应向游客加强生态宣传，不践踏，禁采摘。还应加强作为园林观赏植物的引种栽培研究。

🖊 知识点

观赏植物

观赏植物，专门培植来供观赏的植物，一般都有美丽的花或形态比较奇异，中国的观赏植物资源非常丰富，被誉为"世界园林之母"，仅高等植物就有3万多种、木本植物有7 000多种，还有在世界上只有中国特有的许多珍贵植物，银杉、银杏、金钱松、珙桐等。

📚 延伸阅读

苔原带

苔原带主要分布在亚欧大陆及北美大陆的最北部，以及北极圈内许多岛屿。这里气候严寒，冬季漫长多暴风雪，夏季短暂，热量不足，土壤冻结，沼泽化现象广泛。这些环境条件，不利于树木生长，因而形成以苔藓和地衣占优势的、无林的苔原带；土壤属于冰沼土；动物界比较单一，种数不多，特有驯鹿、旅鼠、北极狐等，夏季有大量鸟类在陡峭的海岸上栖息，形成"鸟市"。

● 蓝果杜鹃

蓝果杜鹃，渐危种。系中国特有种，分布区狭小。花色鲜艳悦目，是著名的观赏花卉，在杜鹃花育种上是极好的种质资源，有科研价值。

常绿灌木或小乔木，高2～4米；枝条粗壮，花序下的枝条直径4～5毫米，幼枝嫩绿色，老枝灰白色，树皮有裂纹和层状剥落。叶常5～6枚密生于枝顶，革质，宽倒卵形或近于圆形，长8～13厘米，宽5～9厘米，先端短尖，基部圆形，边缘微向下反卷，上面深绿色，下面粉绿色，中脉在上面平坦或微凸起，在下面显著隆起，侧脉11～14对，在两面均平坦微现，细脉干后在两面均微隆起，无毛；叶柄长2～3厘米，上面平坦，下面圆柱状，基部增宽，约3～4毫米。

总状伞形花序，有花5～9朵，总轴长约8～15毫米，微被柔毛或无毛；花梗长1～2厘米，粗约2毫米，无毛；花萼杯状，长7～12毫米，淡红色，基部肉质，5裂，裂片不等大，无毛；花冠钟状或管状钟形。口部直径4.5厘米，白色或淡红色，5裂，裂片扁圆形，长1.5厘米，宽2.3厘米，顶端有凹缺；雄蕊10，长2～4厘米，不等长，花丝线形，无毛，花药卵圆形，长约3毫米；子房圆柱状锥形，长6～7毫米，有5～6个纵棱状突起，花柱长2.5～3厘米，无毛，柱头微膨大。蒴果圆柱状，长1.2～2厘米，直径7～10毫米，成熟后5～6裂，花萼宿存，包围果实的1/3～1/2。花期4-5月，果期8-10月。

蓝果杜鹃分布于林下、林缘或山脊。本种为亚热带高山常绿灌木，生长地常年寒冷湿润，夏秋多雨，温度不高，冬季较长，常为冰

蓝果杜鹃

雪覆盖，年平均温度约8℃，极端最高温度约25℃，极端最低温度约-20℃，年降水量约3 000毫米。土壤为暗棕壤。生于苍山冷杉林缘，有时在山脊部分形成小片杜鹃灌丛，受大风影响十分强烈，群落稀疏，呈矮林状。蓝果杜鹃常和乳黄杜鹃、和蔼杜鹃以及山柳、蔷薇、灰叶菜、紫菀及伞形科、百合科、毛茛科等多种植物混生。花期3~5月，果熟期10月。

常绿灌木或小乔木，高2~5米。分布于云南、四川局部地区海拔3 000~3 800米的林下、林缘或山脊。生长地常年寒冷湿润，冬季较长，常为冰雪覆盖。花期3~5月，10月果熟。为中国特有种。

产云南西部。海拔3 000~4 000米的云杉或冷杉林下、高山杜鹃林中。模式标本采自云南大理（点苍山）。

知识点

毛 茛 科

正确的读法是毛茛（gèn）科，毛"茛"常常被误认为毛茛（làng），茛和茛有一点之差；毛茛科（Ranunculaceae）被子植物门，双子叶植物纲较原始的一科。多年生至一年生草本，少数为藤本或灌木。单叶或复叶，通常互生，很少对生（铁线莲属）；无托叶。花通常两性，辐射对称，稀两侧对称（乌头属、翠雀属）；萼片5至多数，分离，有时呈花瓣状（白头翁属、铁线莲属）；花瓣5至多数，或无花瓣（白头翁、铁线莲），有时特化成蜜腺叶；雄蕊多数，螺旋排列；雌蕊心皮多数至少数，分离，螺旋排列，每心皮1室，有多枚至1枚胚珠。果实为蓇葖果或瘦果。

延伸阅读

杜鹃的有毒种

中国的杜鹃花属有毒植物约在60种以上，多数为中国所特有，而且大都毒性剧烈，常引起人、畜的中毒。主要有毒种有羊踯躅、大白花杜鹃和牛皮茶等，人误食中毒的症状主要为恶心、呕吐、血压下降和呼吸抑制，一般因呼吸衰竭而死。有些种虽未发现对人、畜的危害，也不常见，但毒性实验中表现较强的毒性，小鼠腹腔注射这些植物的水或氯仿等溶剂的粗提取物，在小于1000毫克／千克剂量时能使受试动物严重中毒或立即死亡。

●醉翁榆

　　醉翁榆是中国特有种。因仅分布于安徽琅玡山醉翁亭附近而得名。

　　醉翁榆是落叶乔木，高25米，胸径达80厘米；树皮黑褐色，纵裂；小枝深褐色或暗灰色，密被柔毛，两侧常具较厚的木栓翅。叶互生，长圆状倒卵形、椭圆形或倒卵形，长2.5～11厘米，宽1.8～5.5厘米，先端急尖或短渐尖，基部偏斜，宽楔形，边缘常具单锯齿，偶有重锯齿，两面密被短硬毛，上面粗糙，侧脉8～12对；叶柄长4～8毫米，密被柔毛。花先叶开放，生去年生枝条叶腋，成簇生状聚伞花序，具短梗，花钟形，密被绣色毛。翅果圆形或近圆形，长2.2～2.7厘米，被柔毛，先端具封闭的凹缺，果核位于翅果中部。

醉翁榆

救救植物

　　醉翁榆分布区属皖东丘陵，夏季受太平洋东南季风影响，水、热条件较好，但其北面为黄淮平原，地势平坦，冬季易遇北方寒潮袭击。年平均温度15.2℃，极端最低温度-23.8℃。年平均降水量1 045.4毫米，相对湿度75%，无霜期215天，群落周围厚层石灰岩露头较多，上层深浅不一，局部地段受坡积影响，土层深厚，有机质含量较多，结构良好。土壤呈微酸性至中性反应。为阳性树种，主干挺拔，根系发达，常盘结于岩石隙缝中，多生长石灰岩坡地和溪沟两旁。醉翁榆的分布区狭窄，仅见于安徽琅玡山附近10公顷的范围之内。

　　琅玡山风景名胜区，位于安微省滁州西约5千米处的群山之中。古称摩陀岭，后因东晋琅琊王避难于此，改称"琅玡山"，又名"琅玡山"。

　　这一风景区，包括琅玡山、城西湖、姑山湖、胡古等四大景区，面积115平方千米。主要山峰有摩陀岭、凤凰山、大丰山、小丰山、琅玡山等。景区以茂林、幽洞、碧湖、流泉为主要景观。山间还有丰富的人文景观，有始建于唐代的琅琊寺，有卜家墩古遗址留下的大量古迹和文物，还有著名碑刻唐吴道子画观音像、唐李幼卿等摩崖碑刻近百处。唐宋著名文人雅士如韦应物、欧阳修、曾巩、苏轼、宋濂等趋之若鹜，均以诗文记其胜。故琅玡山为我国二十四座文化名山之一，为皖东的游览胜地。1988年，琅玡山以安徽琅玡山风景名胜区的名义，被国务院批准列入第二批国家级风景名胜区名单。

知识点

苏　轼

　　苏轼（1037－1101），北宋文学家、书画家。字子瞻，又字和仲，号东坡居士。汉族，眉州眉山（今属四川）人。与父苏洵，弟苏辙合称三苏。他在文学艺术方面堪称全才。其文汪洋恣肆，明白畅达，与欧阳修并称欧苏，为唐宋八大家之一；诗清新豪健，善用夸张比喻，在艺术表现方面独具风格，

苏　轼

与黄庭坚并称苏黄；词开豪放一派，对后代很有影响，与辛弃疾并称苏辛；书法擅长行书、楷书，能自创新意，用笔丰腴跌宕，有天真烂漫之趣，与黄庭坚、米芾、蔡襄并称宋四家；画学文同，喜作枯木怪石，论画主张神似。诗文有《东坡七集》等，词有《东坡乐府》。

延伸阅读

醉翁榆名字由来

周围生长着醉翁榆因仅分布于安徽琅　山醉翁亭附近而得名。醉翁亭位于琅　山半山腰的琅琊古道旁，是上琅琊寺的必经之地。据《琅　山志》记载，北宋庆历六年（1046年），欧阳修被贬为滁州太守，感怀时世，寄情山水。山中僧人智仙为他建亭饮酒赋诗，欧阳修自号"醉翁"，并以此名亭，写下传世之作《醉翁亭记》。醉翁亭因此而闻名遐迩，被誉为"天下第一亭"。欧阳修不仅在此饮酒，也常在此办公。有诗赞曰："为政风流乐岁丰，每将公事了亭中"。一句"醉翁之意不在酒，在乎山水间也"，把欧阳修寄情山水，安民乐丰的内心世界发挥得淋漓尽致。亭内有联对此亦作了点评："饮既不多缘何能醉，年犹未迈奚自称翁。"

急需保护的常绿植物

地球因为有了绿色，才显得生机盎然，也正是这些常绿植物的存在，地球生命才能按照自己的规律繁衍生息。

然而，随着植物的生存环境恶化，各种珍稀的植物处在水深火热的境地中，这直接威胁着诸多常绿植物的生存，可以说，它们正经受着严峻的生存挑战。如果不迅速采取有效的保护措施，或许就在明天，地球上将不复存在这些曾经代表着生命的绿色。

●银　杉————————————————————————

常绿乔木，具开展的枝条，高达24米，胸径通常达40厘米，稀达85厘米；树干通直，树皮暗灰色，裂成不规则的薄片；小枝上端和侧枝生长缓慢，浅黄褐色，无毛，或初被短毛，后变无毛，具微隆起的叶枕；芽无树脂，芽鳞脱落。叶螺旋状排列，辐射状散生，在小枝上端和侧枝上排列较密，线形，微曲或直通常长4～6厘米，宽2.5～3毫米，先端圆或钝尖，基部渐窄成不明显的叶柄，上面中脉凹陷，深绿色；无毛或有短毛，下面沿中脉两侧有明显的白色气孔带，边缘微反卷，横切面上有2个边生树脂道；幼叶边缘具睫毛。雌雄同株，雄球花通常单生于2年生枝叶腋；雌球花单生于当年生枝叶腋。球果两年成熟，卵圆形，长3～5厘米，直径1.5～3厘米，熟时淡褐色或栗褐色；种鳞13～16枚，木质，蚌壳状，近圆形，背面有短毛，腹面基部着生两粒种子，宿存；苞鳞小，卵状三角形，具长尖，不露出；种子倒卵圆形，长5～6毫米，暗橄榄绿色，具不规则的斑点，种翅长10～15毫米。

银杉是松科的常绿乔木，主干高大通直，挺拔秀丽，枝叶茂密，尤其是在其碧绿的线形叶背面有两条银白色的气孔带，每当微风吹拂，便银光闪闪，更加诱

银 杉

人，银杉的美称便由此而来！

远在地质时期的新生代第三纪时，银杉曾广泛分布于北半球的欧亚大陆，在德国、波兰、法国及前苏联曾发现过它的化石，但是，距今200万～300万年前，地球覆盖着大量冰川，几乎席卷整个欧洲和北美，但欧亚的大陆冰川势力并不大，有些地理环境独特的地区，没有受到冰川的袭击，而成为某些生物的避风港。银杉、水杉和银杏等珍稀植物就这样被保存了下来，成为历史的见证者。

银杉在我国首次发现的时候，和水杉一样，也曾引起世界植物界的巨大轰动。那是1955年夏季，我国的植物学家钟济新带领一支调查队到广西桂林附近的龙胜花坪林区进行考察，发现了一株外形很像油杉的苗木，后来又采到了完整的树木标本，他将这批珍贵的标本寄给了陈焕镛教授和匡可任教授，经他们鉴定，认为就是地球上早已灭绝的，现在只保留着化石的珍稀植物——银杉。50年代发现的银杉数量不多，且面积很小，自1979年以后，在湖南、四川和贵州等地又发现了十几处，1 000余株。

现存银杉是20世纪50年代在我国发现的松科单型属植物，间断分布于大娄

山东段和越城岭支脉。最初仅见于广西龙胜县花坪和四川南川县金佛山。近年不但在上述两地找到了新分布点，而且还在其毗邻的山区发现了银杉。迄今，已知银杉分布在广西、湖南、四川、贵州四省（区）10县的30多个分布点上，除金佛山老梯子分布较多外，其他分布点上，最多达几十株，最少仅存一株。由于银杉生于交通不便的中山山脊和帽状石山的顶部，故未遭到过多的人为破坏。银杉生长发育要求一定的光照，在荫蔽的林下，会导致幼苗、幼树的死亡和影响林木的生长发育，若不采取保护措施，将会被生长较快的阔叶树种更替而陷入灭绝的危险。

知识点

苞鳞

裸子植物大孢子叶球由大孢子叶构成，呈螺旋状排列在纵轴上，它们由两部分组成：下面较小的薄片是苞鳞，上面较大而顶部肥厚的部分叫珠鳞，也叫种鳞或果鳞。一般认为珠鳞是大孢子叶，而苞鳞是失去生殖能力的大孢子叶。在松各属植物苞鳞和珠鳞是完全分离的。

延伸阅读

金秀银杉公园

来宾金秀银杉公园是国家级自然保护区、国家森林公园。金秀县为我国银杉分布的最南点，具有水平分布纬度最低、最老、最多、植株最大的特点。其中有一株银杉胸径86.9厘米，树高30.65米，树龄已逾50年；号称银杉王。公园内有10株银杉，与华南五针松、牛皮杜鹃等众多的珍贵树种组成的混交林，既可供人欣赏，又为古植物、植物地理学、地质学、气象学、地球史等方面的研究提供了重要的实物基地。

●龙血树 ————————————————————————

常绿小灌木，高可达4米，皮灰色。叶无柄，密生于茎顶部，厚纸质，宽条形或倒披针形，长10～35厘米，宽1～5.5厘米，基部扩大抱茎，近基部较狭，中脉背面下部明显，呈肋状，顶生大型圆锥花序长达60厘米，1～3朵簇生。花白色、芳香。浆果球形黄色。同属多种和变种用于园林观赏。又不能当柴火，真是一无用处，所以又叫"不才树"。

龙血树受伤后会流出一种血色的液体。这种液体是一种树脂，暗红色，是一种名贵的中药，中药名为"血竭"或"麒麟竭"，用于治疗筋骨疼痛。古代人还用龙血树的树脂做保藏尸体的原料，因为这种树脂是一种很好的防腐剂。它还是做油漆的原料。龙血树的分布区域在中国南部及亚洲热带地区。

龙血树原产非洲西部的加那利群岛，当地人传说，龙血树里流出的血色液体是龙血，因为龙血树是在巨龙与大象交战时，血洒大地而生出来的。这便是龙血树名称的由来。

龙血树

救救植物 JIUJIU ZHIWU

龙血树性喜高温多湿，喜光，光照充足，叶片色彩艳丽。不耐寒，冬季温度约15℃，最低温度5℃~10℃。温度过低，因根系吸水不足，叶尖及叶缘会出现黄褐色斑块，喜疏松、排水良好、含腐殖质丰富的土壤。

知识点

中 药

中药即中医用药，为中国传统中医特有药物。中药按加工工艺分为中成药、中药材。中药主要起源于中国，除了植物药以外，动物药如蛇胆、熊胆、五步蛇、鹿茸、鹿角等；介壳类如珍珠、海蛤壳；矿物类如龙骨、磁石等都是用来治病的中药。少数中药源于外国，如西洋参。

延伸阅读

红色龙血树

红色龙血树以产红色龙血树树脂而闻名于世，中国称之为血竭，在全世界约有150种，分布在非洲、亚洲和澳洲的热带和亚热带地区。我国于1973年发现血竭资源植物"柬埔寨龙血树"，至今，已有8个品种的龙血树在我国境内被发掘，这些树种分布在广西、海南、云南和台湾。血竭常被用于医药和防腐，具有止血、活血、补血，内外兼用，被人们推崇为"圣药"。龙血树具有极高的观赏价值，如香龙血树已成为世界重要的观叶植物。

红色龙血树

●山铜材

山铜材为常绿乔木，高达20米，胸径40厘米；树皮粗糙，灰褐色；小枝粗壮，灰褐色，有皮孔，节膨大，有明显的托叶痕；芽扁圆形，直径2～2.5厘米，被两枚厚革质、苞片状的托叶所包裹。叶互生，革质，宽卵圆形，不分裂或掌状3浅裂，长10～15厘米，宽8～14厘米，全缘，先端宽而渐尖，基部微心形或截形，无毛，掌状脉5条；叶柄长7～15厘米；托叶近椭圆形，长达2厘米，无毛。穗状花

山铜材

序肉生，生于新枝侧面，纺锤形，长1.5厘米，宽6毫米，有花12～16朵，总花梗长3～6厘米；花两性，萼筒与子房合生，藏于肉质花序轴内，萼齿不明显；无花瓣；雄蕊8，花药红色，4室；子房下位，被星状毛，2室，花柱2，极短，胚珠6，2列，着生于中轴胎座上。蒴果卵圆形，长约1厘米，室间及室背开裂，外果皮木质，内果皮骨质；种子椭圆形，长3～4毫米，黑褐色，有光泽。

本种产于海南，在安定、琼中、保亭、崖县等境内曾有记载。目前仅零星分布于吊罗山林区和尖峰岭林区南部的六、七、八分区，海拔600～700米的沟谷林中。分布区年平均温度20℃～24℃，最冷月，平均温度15℃以上，年降水量900～1500毫米，土壤为热带山地黄壤，土层深厚，肥力较高。常与托盘青冈、雷公青冈、大花五桠果、木荷等混生。山铜材生长健壮，枝叶茂密，但结实较少，林下幼苗幼树少见。天然生长速度中等，苗期生长缓慢，中龄以后生长则较快。萌生能力较强。花期1-2月，果实8-9月成熟。

救救植物 **HIGUHUOZHIWU**

知识点

子 房

　　子房是被子植物生长种子的器官，位于花的雌蕊下面，一般略为膨大。子房里面有胚珠，胚珠受精后可以发育为种子。是被子植物花中雌蕊的主要组成部分，子房由子房壁和胚珠组成。当传粉受精后，子房发育成果实。子房壁最后发育成果皮，包裹种子，有的种类形成果肉，如桃、苹果等。

延伸阅读

山铜材现状

　　一般而言，在气候区内对植物进行引种栽培是比较容易获得成功的。自然条件比较复杂，95%的土地属于山地，有高海拔也有低海拔，有砖红壤土也有石灰岩山地钙质土，植物分布在不同的生态系统中。而自然条件相对来说比较简单，海拔较低570～650米，因此引种时尽量以种子繁殖为主，选择与原产地相似的生态环境种植。在引种的45种植物中有31种是采用种子繁殖的，占69%。由于用营养袋育苗，因此定植成活率高，恢复生长快，适应性强。

　　如野外挖苗则成活率低，恢复生长慢，适应性差。生长差的树种除了采用野外招苗的原因外，还由于原产地与引种地的生境差异大。如景东翅子树原产地是海拔在1200～1460米的石灰岩山地，而引种地为低海拔的砖红壤土生长，迟缓长势差。从45种珍稀濒危植物的物候看，幼树阶段生长节律不明显，一年中各株生长期往往不一致，各年的生长因气候不同生长期也不一致，多数树种生长时间长，有的甚至全年不断出新叶，到了接近成年才开始有节律性。

●半枫荷

常绿乔木，高约17米，胸径达60厘米，树皮灰色，稍粗糙；芽体长卵形，略有短柔毛；当年枝干后暗褐色，无毛；老枝灰色，有皮孔。叶簇生于枝顶，革质，异型，不分裂的叶片卵状椭圆形，长8～13厘米，宽3.5～6厘米；先端渐尖，尾部长1～1.5厘米；基部阔楔形或近圆形，稍不等侧，上面深绿色，发亮，下面浅绿色，无毛，或为掌状3裂，中央裂片长3～5厘米，两侧裂片卵状三角形，长2～2.5厘米，斜行向上，有时为单侧叉状分裂；边缘有具腺锯齿；掌状脉3条，两侧的较纤细，在不分裂的叶上常离基5～8毫米，中央的主脉还有侧二脉4～5对，与网状小脉在上面很明显，在下面突起，叶柄长3～4厘米，较粗壮，上部槽，无毛。雄花的短穗状花序常数个排成总状，长6厘米，花被全缺，雄蕊多数，花丝极短，花药先端凹入，长1.2毫米。雌花的头状花序单生，萼齿针形，长2～5毫米，有短柔毛，花柱长6～8毫米，先端卷曲，有柔毛，花序柄长4.5厘米，无毛。头状果序直径2.5厘米，有蒴果22～28个，宿存萼齿比花柱短。

半枫荷

半枫荷分布于江西南部、广西北部、贵州南部，广东、海南岛。半枫荷为中国特有种，其分布中心在华南或华东地区的福建东南部永春、西南部龙岩、漳平、南靖和中部南平；江西东南部石城、瑞金和南部龙南、金南、寻乌、安远；湖南南部宜章，广东东北部灌阳、贺县、龙胜、临桂、永福、大苗；贵州的赤水官渡、贵阳黔灵山、榕江沙平沟、雷公山、三都坝街、荔波茂兰、月亮山等山区。由于森林植被严重破坏，残存的种群落数量已极为稀少，多为零星生长的单株，同时其树皮及根可供药用而遭剥皮之灾，如三都坝街一带的半枫荷，其树皮已被刮剥近干顶，实属名存实亡。

产地多属亚热带低山至中山，向南楔入热带，分布点的年均温度在18℃以上，极端低温度可达-5℃，年降水量1 200～1 300毫米，半枫荷喜生于土层深厚、肥沃、疏松、湿润排水良好的酸性土壤，如贵阳黔灵山为典型的酸性黄壤，三都、荔波、榕江、赤水等地的半枫荷生长在pH值为5～6的酸性红黄壤或紫色土地上。花期2-3月，果实秋季成熟。

半枫荷为中性树种，幼年期较耐荫；天然更新力差，萌生能力也较弱，在贵州多散生于海拔700～1 200米的山地常绿阔叶林中，常与蕈树、丝栗栲、枫香、杨梅、细枝柃、油茶、中华里白等混生，有时也生于马尾松、杉木疏林中。

✎ 知识点

黄　壤

黄壤是中亚热带湿润地区发育的富含水合氧化铁（针铁矿）的黄色土壤。分布于本区东部和北部的贵州高原，是中国最主要的黄壤分布区。黄壤是亚热带湿润气候条件下形成的富含水合氧化铁的黄色土壤，黄壤亚类具土类典型特征；漂洗黄壤亚类为具侧向漂洗层的黄壤，A-E-B-C构型；黄壤性土亚类为具A-B-C构型的弱发育土壤。

黄壤

延伸阅读

半枫荷治膝关节骨性关节炎

半枫荷散治疗膝关节骨性关节炎有临床疗效。

方法：将200例膝关节骨性关节炎患者随机分为4组各50例。半枫荷散组以半枫荷散（由半枫荷根、荆芥、防风、乳香、胡椒根组成）治疗；扶他林膏组以扶他林膏治疗；复方南星止痛膏组以复方南星止痛膏治疗；理疗组以YSHD-Ⅰ型红外线治疗灯治疗。

结果：愈显率、总有效率治疗组分别为68%、90%，复方南星止痛膏组分别为44%、82%，扶他林膏组分别为42%、70%，理疗组分别为38%、78%。半枫荷散组与复方南星止痛膏组、理疗组比较，差异均有显著性意义（$P<0.05$）；与扶他林膏组比较，差异有非常显著性意义（$P<0.01$）。结论：半枫荷散治疗膝关节骨性关节炎疗效显著。

●朝鲜崖柏

常绿小乔木，高达10米，胸径10～30厘米；幼树树皮红褐色，平滑，老树树皮灰褐色，条片状纵裂；枝平展或稍下垂；小枝互生，幼时绿色，扁平，排成一面，3～4年生枝红褐色或灰红褐色。叶鳞形，二型，交互对生，排成4列，4片成节，上下列的叶扁平而紧贴，先端微尖或钝，具1个明显或不明显的腺点，侧边的叶船形，折覆着中央之叶的侧边及下部，先端内曲，背部有脊；小枝上面的叶绿色，下面的叶被白粉。雌雄同株，球花单生侧枝顶端；雄球花卵圆形，雄蕊交互对生，各有4花药；雌球花有4～5对珠鳞，中部2～3对珠鳞各生1～2胚珠。球果当年成熟，椭圆形，长9～10毫米，直径6～7毫米，熟时深褐色。种鳞交对互生，薄木质，扁平，背面近顶端有凸起的尖头；种子椭圆形，扁平，周围有窄翅，上下两端有凹缺。

朝鲜崖柏分布于针阔林内。分布区受来自日本海的湿润气团的影响，因而气候较温暖，降水较充沛。年平均温度大致在3℃～6℃，仅有季节冻土，1月份

平均温度-15℃～-25℃，7月份平均温度多在20℃～26℃，无霜期为120～150天，年降水量600～1 000毫米，多集中在6、7、8三个月，占全年降水量的70%～80%。朝鲜崖柏为阴性浅根系树种，喜生于空气湿润，腐殖质多的肥沃土壤中，多见于山谷、山坡或山脊，裸露的岩石缝中也有生长。伴生的乔木树种有臭冷杉、岳桦、花楷槭和花楸树等。花期5月，球果9月成熟。

🖊 知识点

岩　石

岩石是天然产出的具稳定外形的矿物或玻璃集合体，按照一定的方式结合而成。是构成地壳和上地幔的物质基础。按成因分为岩浆岩、沉积岩和变质岩。其中岩浆岩是由高温熔融的岩浆在地表或地下冷凝所形成的岩石，也称火成岩或喷出岩；沉积岩是在地表条件下由风化作用、生物作用和火山作用的产物，经水、空气和冰川等外力的搬运、沉积和成岩固结而形成的岩石；变质岩是由先成的岩浆岩、沉积岩或变质岩，由于其所处地质环境的改变经变质作用而形成的岩石。

岩　石

📚 延伸阅读

相似物种长叶竹柏

属罗汉松科植物，是中国热带和亚热带的珍稀树种，木材纹理直，结构细而均匀，材质较软轻，切面光滑，不开裂、不变形。主要分布在广东、广西、海南和云南，除个别地区分布较集中外，多为零星散生，由于长期砍伐而不保护、不种植，现存资源甚少。据《中国植物红皮书》记载，为中国渐危种。该标本于1989年采自海南陵水吊罗山，现收藏于天津自然博物馆。宽披针形革质的叶，并列均匀的细脉，极具观赏价值。又加之此树干通直，木材结构细致，被列为上等木材，种子又可榨油。被列为三级国家保护植物。竹柏生物学特性竹柏别名糖鸡子、罗汉柴、椰树、山杉、铁甲树等。为罗汉松科竹柏属常绿乔木，高达20米，胸径50厘米；树皮近平滑，红褐色或暗红色，裂成小块薄片；枝条开展，树冠广圆锥形。叶长卵形、卵状披针形或披针状椭圆形，长3.5～9厘米，宽1.5～2.5厘米，先端渐尖，基部楔形或宽楔形，有光泽，下面淡绿色，交互对生或近对生，排成两列，厚革质，无中脉而有多数并列细脉。雄球花穗状，常分枝，单生叶腋，稀成对腋生，基部有数枚苞片，花后苞叶不变成肉种托。种子球形，径1.2～1.5厘米，成熟时假种皮暗紫色，有白粉，其上有苞片脱落的痕迹。花期3-4月，种子10月成熟。

● 雅加松 ————————————————————————————————

常绿乔木，具平展而轮生的枝条，高达30米或更高，胸径40～60厘米；树干通直，树皮红褐色，呈不规则的薄片脱落；冬芽短圆柱形，褐色，无树脂。针叶2针一束，细而下垂，长11～16厘米，宽约1毫米，边缘有细锯齿，浅绿色，两面均有气孔线，横切面半圆形，有4～8个边生树脂道，基部有宿存的叶鞘。球果单生或2～4个生于1年生枝的基部，有短梗，下垂，翌年成熟，长卵圆形，长5～8厘米，直径3～4厘米，成熟时红褐色；种鳞不张开，鳞盾平，鳞脐微凹，无刺尖；种子长卵圆形，长4～6毫米，具存关节的长翅；种翅膜质，长约1.5厘米。

雅加松生于热带山地雨林与山顶苔藓矮林的交界处。产地气候的特点是气温较低，湿度较大，常年云雾较多，风较强。年平均温度约17℃，年降水量1800毫米，5-10月为湿季，11-4月为旱季。土壤为山地黄壤，土层较浅薄，肥力较差。常与陆均松、裂壳锥、荔枝红豆树、海南油杉等组成针阔混交林。为阳性树种，主根发达，能在恶劣环境中苗壮生长和发育。林下天然更新较好，幼苗、幼树尚能耐荫。球果12月中旬成熟。

分布区为热带山地雨林与山顶苔藓矮林的交界处，气候特点为气温较低，湿度较大，多云雾，风较强。是阳性树种，主根发达，能在恶劣环境中茁壮成长和发育。林下天然更新较好，幼苗幼树尚耐荫，球果12月成熟。

📝 知识点

山地雨林

热带山地雨林是指那些生长在山上有1 100米高度的森林。高的山地林一般在2 500～3 000米高度以上，显现为"云雾森林"，云雾森林从来自潮湿低地的薄雾获得它所需要的大部分降水。云雾森林的树木明显比低地森林的矮很多，这导致了它们没有较发达的冠层。然而，云雾森林树木有着很繁盛的附生植物，这些植物靠流经的雾气带来的充足的水汽生存。

📚 延伸阅读

雅加松的保护价值

雅加松为我国热带山地特有珍贵稀有的针叶树种，对于研究海南植物区系、我国松属树种地理分布等均具有科学价值。树姿雄伟，可作庭园绿化树种。因适生于山地瘠薄陡坡上，为海南岛高海拔地区荒山造林、迹地更新、水土保持的难得树种之一。亦为马尾松选种育种的种质资源。

● 陆均松——————————————————————————

常绿乔木，高达30余米，胸径达150厘米。分布于海南中部以南山区，为北热带，气候温暖潮湿、雨量充沛。是阳性树种，根系发达，抗风力强。4-5月开花，10～11月种子成熟。

树干挺直，树皮黄褐色至灰褐色，薄片剥落。大枝轮生，多分枝；小枝下垂。叶二型：幼树及营养枝为针形叶，四棱，螺旋状排列；大树及生殖枝为鳞形叶或锥形叶。雌雄异株，雄球花穗状，着生枝顶，雌球花单生小枝顶端。

种子小，卵形，横卧于杯状肉质的假种皮上，熟时红褐色。分布遍及中国海南岛中部和南部的崇山峻岭。水平分布范围为北纬18°25′～19°15′；垂直分布海拔300～1 700米，以海拔800～1 200米较多。耐荫，喜温暖、湿润。

陆均松

分布区年平均温度20℃以上，月平均最低温度约12℃；年雨量约在2 500毫米左右，时有云雾，湿度较大。土壤主要是花岗岩发育而成的山地黄壤和砖红壤，多含粗沙，但质地稍黏重。根系发达，与菌根菌共生，不但抗风力强，且耐瘠薄。天然林生长缓慢，10年生树高约2～3米，50年生树高约18米，胸径20厘米。60年以后，胸径生长量加速；100～120年生时更快。人工林生长较快，12年生树高即可达5米，胸径10厘米。3月开花，10～11月种熟。每千克种子5万～6万粒，种子宜随采随播。1.5～2年生、高30～50厘米的苗木即可出圃造林。幼树不适于全光下生长，宜保留或种植侧方蔽荫树，以促进幼林生长。陆均松粗喙象是主要害虫。

陆均松木材结构细致，纹理通直，质稍硬而重，具韧性，易加工，干燥后不开裂，不变形。花纹美观，极耐腐朽，色棕褐带黄。为船舰、桥梁、枕木、建筑、车辆、家具和细木工优良用材。

知识点

人工林

人工林是采用人工播种、栽植或扦插等方法和技术措施营造培育而成的森林。根据其繁殖和培育方法的不同，一般分为播种林、植苗林和插条林等。

按林种分为人工用材林、人工薪炭林、人工经济林、人工防护林等。按树种分为人工马尾松林、人工杉木林、人工杨树林、人工桉树林等。人工林均按一定的目的要求和人们需要的林种，集中营造在交通较为方便的地方，并普遍采取选育良种、适地适树、密度适中、抚育管理等集约经营措施进行营造和培育。与天然林相比，人工林具有生长快、生长量高、开发方便和获得效益早、木材规格、质量较稳定、便于加工利用等特点。

延伸阅读

陆均松的保护价值

陆均松为该属植物分布于我国的唯一代表种类，对研究我国热带森林的起源及其区系有科学意义。木材结构细致，材质坚重，为高级建筑、家具以及胶合板、船舶、车辆、细木工等良材。生长快，可作海南岛山地的造林树种。

●大叶龙角

常绿乔木，高10～20米，胸径20～35厘米；树皮灰白色；小枝有瘤状突起，幼时被柔毛。叶互生，革质，长圆形或椭圆状长圆形，长15～25厘米，宽6～10厘米，先端短渐尖或突尖，基部宽楔形，全缘，上面无毛，下面微

大叶龙角

被柔毛，侧脉5～7对；叶柄长2～3.5厘米，先端具肥大的关节。花单性；雄花多数，排成聚伞状伞形花序，成簇腋生，花梗长2～3毫米，密被短柔毛，薯片和花

瓣4～5，鳞片不显，雄蕊多数，无退化雌蕊；雌花单生，直径约1.4厘米，萼片4，花瓣8，边缘成稀疏的流苏状，鳞片与花瓣等长，基部增厚，密被短柔毛，子房卵球形，长5～6毫米，密被短柔毛，无花柱，柱头盾形，4～5裂。浆果成熟时直径达12～15厘米，密被暗褐黄色或棕褐色短柔毛，果皮本质，内有种子30～40；果梗粗壮，长约1.5厘米，粗1厘米；种子椭圆形，具不规则的钝棱。

零散分布于云南勐腊、江城、金平、屏边、河口及广西西南部龙州大青山。多生于海拔150～1 200米的狭谷和潮湿的密林中。老挝、越南也有分布。

大叶龙角分布区属低、中山雨林或季雨林，高温多湿，干湿季节明显，年平均温度19℃～22℃，极端最高温度38℃～41℃，极端最低温度不低于0.5℃，相对湿度为70%～80%；年降雨量1 200～2 200毫米，其中80%～90%多集中在雨季（5-10月），干季多雾，可补偿水分的不足。土壤多为紫色砂质页岩形成的黄壤，有机质层厚，pH值4.5～6。在林中属3～4层乔木，林地上罕见其更新的苗木。果熟期一般在5-7月，或10～12月，通常花果并存。

📖 知识点

花　柱

花柱为植物学名词。一般地说植物的花分为雌蕊和雄蕊两部分，它属于雌蕊部分。是柱头和子房间的连接部分，也是花粉管进入子房的通道。花柱多为细长的结构，如玉米的花柱细长如丝；也有极短不明显的，如莲、罂粟。

📚 延伸阅读

季雨林

季雨林（Monsoon Forest）是分布在具有明显干湿季节变化热带地区，在干季或多或少，甚至全部落叶的森林植物群落。

季雨林突出的特点是其群落主要由热带性的落叶阔叶树组成。多数林木在旱季落叶，而在雨季来临时，大部分乔灌木和草本植物陆续发叶开花，所以季雨林又称为"雨绿林"。

●华南锥

常绿乔木，高达20米，胸径约50厘米；树皮略粗糙，暗褐黑色，不开裂；当年生枝被黄棕色短毛；芽长卵圆形，两侧压遍，芽鳞密被有光泽的丝质柔毛。叶革质，长椭圆状披针形，稀卵形，长5～10厘米，基部圆形或宽楔形，全缘，中脉凹陷，侧脉每边12～16条，叶背被红棕色或棕黄色易抹落的粉末状鳞秕；叶柄长1～1.5厘米。花序轴及花被片均短柔毛，花单性同株；雄花序穗状或圆锥状，雄花有10～15枚雄蕊，不育雌蕊垫状，密被卷毛；雌花无不育雄蕊，花柱3～4枚，柱头面呈细圆点状。果序长4～8厘米，熟后整序脱落；壳斗球形，连刺直径4～6厘米，整齐4瓣裂，刺密集，合生成多个刺束，刺束长达2厘米，将壳斗外壁完全遮蔽，每壳斗有坚果1个；坚果遍圆锥形，高约1厘米，宽1.4厘米，被短优毛，果脐占坚果面积约1/3。坚果风味可与板栗比美。

华南锥分布于珠江口岸以西至广西十万大山以南，离海岸约100千米以内的滨海丘陵低山。但迄今只见广西防城、广东阳江、阳春以及沿海岛屿香港及九龙半岛等地。在每个分布点里种群数量极为稀少。垂直分布约海拔100～400米。

华南锥分布区位于北热带北缘与南亚热带同缘，深受热带海洋季风影响，气候湿润以至潮湿，年平均相对湿度在80%以上，年降雨量1 800～2 800毫米，夏季常有台风侵袭并带来暴雨，雨季长达7个月，冬春虽较旱，但气温较低，阴天及小雨日数也较多，且常有浓雾，可以缓和旱象，因此干湿季交替不大明显。年平均温度22℃～23℃，最冷月（1月）平均温度在14℃～16℃上下，累年极端最低温度极值一般在0℃以上，无霜或少霜。立地土壤为砂岩、页岩或花岗岩风化发育而成的赤红壤或砖红壤，富含腐殖质，pH值4.5～5.5。

华南锥

华南锥为原生性森林的偶见种，且常随森林环境的破坏而绝迹。在南亚热带散生于柯属、锥属、楠属、樟属等为优势的季风常绿阔叶林中。林中常有不少的热带成分如紫荆木、柴龙树等。本种果实常遭多种动物及昆虫食蛀，天然有性更新不良，可长成多干树，但生长慢。花期4～5月，果期9～10月。

 知识点

丘 陵

丘陵为世界五大陆地基本地形之一，是指地球表面形态起伏和缓，绝对高度在500米以内，相对高度不超过200米，由各种岩类组成的坡面组合体。坡度一般较缓，切割破碎，无一定方向。中国自北至南主要有辽西丘陵、淮阳丘陵和江南丘陵等。黄土高原上有黄土丘陵。长江中下游河段以南有江南丘陵。辽东、山东两半岛上的丘陵分布也很广。

延伸阅读

华南锥种子休眠

华南锥为中国特有种，属国家重点保护植物。为找出其生殖环节中的致危因素，科学工作者对华南锥种子休眠与后熟过程中的形态和萌发特性进行了研究。结果表明，华南锥种胚发育不完全可能是种子休眠的主要原因，在其后熟过程中胚不断分化、发育成熟；种皮具有较好的透性，与休眠的关系不大；种子不同部位均存在萌发抑制物，胚乳中高含量的萌发抑制物是影响胚萌发的重要因素。

●叉叶苏铁

常绿棕榈状植物，树干圆柱形，高达4米。叶螺旋状排列，羽状全裂，长2～3米，叶柄两侧具短刺；羽处叉状分裂；裂片线状披针形，边缘波状，长20～30厘米，宽2～3厘米，幼树被白粉，后呈深绿色，有光泽，先端钝，基部不对称。小孢子叶球圆柱形，长15～18厘米，直径约4厘米，梗长3厘米，粗1.5

厘米；小孢子叶近匙形或宽楔形，黄色，边缘橘黄色，长1～1.8厘米，宽约8毫米，顶部有绒毛，圆或有短头，下面有多数3～4枚聚合而生的小孢子囊；大孢子叶橘黄色，长约8厘米，下部长柄状，上部菱状倒卵形，宽约3.5厘米，篦齿状分裂，裂片钻形，长1.5～2厘米，在其下方两则生有1～4个近圆形、被绒毛的胚珠。种子成熟时黄色，长约2.5厘米。

叉叶苏铁又称龙口苏铁、叉叶凤尾草、虾爪铁等。主要分布于中国广西西南部及越南河内的低海拔季雨林下，多为零星分布，现在中国许多地区有栽培。产于云南东南部河口和金平等县，广西及海南（兴隆）有分布，越南、老挝也有分布。海拔上限700米，生长在石灰岩山地的灌丛和草丛中，分布区地处热带北部季风区。

知识点

石 灰 岩

石灰岩简称灰岩，以方解石为主要成分的碳酸盐岩。有时含有白云石、黏土矿物和碎屑矿物，有灰、灰白、灰黑、黄、浅红、褐红等色，硬度一般不大，与稀盐酸反应剧烈。

延伸阅读

叉叶苏铁的起源

1904年，英国著名植物学家麦查理茨在越南进行植物调查时，发现了一种形态特殊的苏铁植物，随即带着活苗将其引种于新加坡植物园，经过植物学家的进一步研究于次年作为新种正式发表，并以发现者的人名来命名，这就是叉叶苏铁拉丁学名的由来。由于小羽叶片呈二叉分歧，中文称之为叉叶苏铁是合适的。实际上叉叶苏铁早在1899年于我国广西就已经被发现，当时被定为刺叶苏铁的叉叶变种。越南发现的和广西发现的两种苏铁其实都是一回事。因为叉叶苏铁仅分布于从广西到越南河内狭小范围，又因奇特的叶形是研究苏铁植物系统发育的重要材料。

●蝴蝶果

常绿乔木，高达30米，胸径100厘米；树皮灰色至灰褐色；嫩枝、花枝、果枝均具有星状毛。叶互生，常集生于小枝1部，椭圆形或长椭圆形，长6～22厘米，宽2～6.5厘米，上面深绿色，有光泽，下面浅绿色，侧脉8～14对；叶柄长2～5厘米，两端稍膨大呈枕状，具两个小黑腺。圆锥状花序顶生，由众多的雄花和1～6朵雌花组成，雄花生于花序上部，雌花生于花序下部；雄花的萼片3～5，镊合状排列，雄蕊3～5，花药4室，侧内向纵裂，药隔不伸出，退化于房柱状，无毛；雌花的萼片5～8，覆瓦状排列，子房椭圆形，具短柄，2

蝴蝶果

室，常1室退化，每室有1胚珠，花柱3深裂，每裂再2～3叉裂。果为核果状，由1室子房发育的呈斜卵圆形，由3室子房发育的则呈双球形，长3～4厘米，直径2～3厘米，基部急狭呈柄状，外果皮近壳质，密被灰黄色星状毛，内果皮骨质，果梗长8～20毫米；种子近球形，灰褐色，直径2.5厘米，胚乳黄色；子叶2，似蝴蝶状。

蝴蝶果分布于贵州、云南和广西三省区，越南和缅甸也有。

蝴蝶果分布区内年平均温度19℃～22.4℃，年积温1900℃～6400℃；年降水量1100～1500毫米，干湿季明显，雨季4～6个月。对土壤的适应性较广，多生长在石灰岩石山上，在沙壤土或轻黏土上都能生长；在石砾土和重黏土上则生长不良。蝴蝶果有一定的耐寒力，在极端最低温度-3℃左右，尚能正常生长，而幼苗和幼树易受冻害。偏阳性树种，在向阳开阔的山坡中下部，枝叶繁茂，结实多，天然更新良好；在光照较弱的山间深谷，树干高生长快，分枝少，冠幅小，结实不多。在石灰岩石土上，伴生树种主要有菜豆树、石山樟、山榄叶柿、假苹婆等。在土山地区伴生树种则有梭子果、木奶果等。

✏ **知识点**

菜豆树

菜豆树又叫蛇树、豆角树、山菜豆、苦苓舅（台湾）、小叶牛尾连、个鲁（海南岛）、蛇仔树、红花木（两广乔灌木名录）、牛尾树（《树木学》下册）、豇豆树（云南富宁）、辣椒树（云南河口）、接骨凉伞、森木凉伞、朝阳花、牛尾木（广西实用中草药）、豆角木、牛尾豆、蛇仔豆、大朝阳（广西中兽医药用植物）、跌死猫树（海南）等，真是名称繁多，在花卉市场上又叫幸福树、麒麟紫葳等商品名称。

菜豆树

📚 **延伸阅读**

蝴蝶果种子繁殖

种子寿命短，极易丧失发芽力，应随采随播。用点播法，覆土2～3厘米。播后10天开始发芽出土。1年生苗高40～50厘米，即可出圃造林。定植后，每年夏秋注意抚育管理，并注意整枝修剪，促进林木生长。

大戟科常绿乔木。原产云南东南部、广西西部和贵州南部。喜光，喜温暖多湿气候，耐寒，但抗风较差。

● 长苞冷杉 —————————————————————

长苞冷杉主要分布于横断山脉中、南部亚高山峡谷区。由于过量采伐，林地生境条件骤变，天然更新困难，在采伐迹地上多用其他树种更新造林。因此，自然分布区日益缩减，植株越来越少。

长苞冷杉为常绿乔木，高25～30米，胸径达1米；树干通直，树皮暗灰色，呈不规则块状开裂；小枝密被褐色或锈褐色毛；冬芽有树脂。叶在小枝下面呈不规则两列，在小枝上面向上开展，线形，长1.5～2.5厘米，宽2～2.5毫米，先端通常凹缺，基部近楔形，有短柄，上面绿色，有光泽；中脉凹陷，下面有两条白色气孔带；横切面有2个边生树脂道。球果直立。卵状圆柱形，顶端圆，基部稍宽，无梗，长7～11厘米，直径4～5.5厘米，熟时黑色；种鳞扇状四边形，长1.9～2.1厘米，宽1.8～2.3厘米，苞鳞窄，明显外露，较种鳞长，外露部分三角状，先端尾状渐尖，长2.3～3.0厘米；种子椭圆形，长1～1.2厘米，种翅膜质，褐色，上部较宽阔，连同种子长1.7～1.9厘米。

长苞冷杉分布于四川西南部九龙、冕宁、木里、德昌、盐源、盐边、稻城、乡城、得荣，云南西北部中甸、维西、丽江及西藏东南部察隅。生长于海拔3 000～4 500米亚高山至高山地带。

长苞冷杉

长苞冷杉分布区位于青藏高原东南边缘，横断山脉中南部，地处高山峡谷。因受西南季风影响，气候特点是干湿季明显，夏秋季湿润多雨，比较温和，冬春季干燥少雨，寒冷多风。据四川木里鸭嘴林区观测，年平均温度4℃~6℃，7月最高温度19℃，1月最低温度-14.6℃，年降水量近1 000毫米，蒸发量大于降水量约1倍以上。土壤主要为棕壤和灰棕壤。常组成复异龄纯林，或与丽江云杉、川西云杉、川滇冷杉、鳞皮冷杉、急尖长苞冷棚、大果红杉、川滇高山栎等混交成林。林下更新良好，林木生长较缓慢，但能形成大材。系浅根性耐阴树种。常有风倒现象。花期5月，球果10月成熟。

为我国特有种，其形态独特，与分布区内多种冷杉有密切的亲缘关系，分布又彼此密集交叠，对于研究横断山区植物区系和冷杉属的分类有一定的科学价值。其次木材较好，为四川西南部主要用材树种，也是重要的水源涵蓄树种。

知识点

青藏高原

青藏高原，中国最大的高原，世界平均海拔最高的高原。大部在中国西南部，包括西藏自治区和青海省的全部、四川省西部、新疆维吾尔自治区南部，以及甘肃、云南的一部分。整个青藏高原还包括不丹、尼泊尔、印度、巴基斯坦、阿富汗、塔吉克斯坦、吉尔吉斯斯坦的部分，总面积250万平方千米。境内面积240万平方千米，平均海拔4 000~5 000米，有"世界屋脊"和"第三极"之称。是亚洲许多大河的发源地。

青藏高原

延伸阅读

梵净山冷杉

常绿乔木，高可达22米，胸径65厘米。为我国贵州特有植物，是冷杉属中稀有种类，且系第四纪残遗植物，目前仅在梵净山海拔2100～2300米局部地区发现。分布区气候夏凉冬冷，雨量充沛，云雾多、霜降频繁，冬积雪。多生于山体上部北坡，土壤湿润肥沃，土层较薄。喜冷湿、耐荫性强，一般多为纯林，也有混交。5-6月开花，球果10～11月成熟，结实周期4～5年，出子率低，由于林下荫蔽度大，天然更新出苗不多，生长势差。对研究植物区系、古气候有科学意义。

●西伯利亚冷杉 ----------------------------

又名新疆冷杉，是冷杉属下的一个物种，主要分布在俄罗斯伏尔加河以东地区、中亚、蒙古和中国大陆的黑龙江、新疆等地。生长于海拔1900～2350米的地区，多生长于阴湿山坡，目前已由人工引种栽培。

西伯利亚冷杉是西伯利亚南部山地泰加林的建群种之一，在中国，它仅沿阿尔泰山伸入新疆西北部的布尔津河上游及其支流和哈巴河上游。为该种分布的南界，森林面积狭小，更新不良，林下幼苗幼树很少。

常绿乔木，高达30米，胸径50厘米；树皮平滑，灰色或褐色；1年生枝淡灰黄色，密被柔毛，2～3年生枝有光泽；冬芽圆球形，有树脂，叶在小枝下面2列，在上面密生，向前伸，线形，微曲或直，长1.5～4厘米，宽约1.5毫米，先端急尖或幼树之叶2裂，上面光绿色，中脉凹陷，有两条气孔线，下面有两条灰白色的气孔带；树脂道2，中生。球果圆柱形，直立，熟时绿黄色，长5～9厘米，直径2.5～3.5厘米，几无梗；种鳞宽倒三角状扇形，或扁状四边形，中部通常微收缩，上部两侧突出，长1.7～2.5厘米，宽1.6～2.4厘米；苞鳞倒三角状，短小，长为种鳞的1/3～1/2，不露出，先端宽圆有刺状尖头。种子倒三角形，稍扁，长6～7毫米，种翅浅蓝色，长为种子的1～2倍，

宽7~9毫米。

西伯利亚冷杉耐寒冷气候，对土壤肥力和水分要求较高。在阿尔泰山西北部，年平均温度-2℃~-3℃，极端最低温度可达-44℃以下，年降水量700~800毫米，最高可达1 000毫米，无霜期90天左右。多生于气候湿润的亚高山下部或中部森林带的阴坡、半阴坡及平缓坡地上。土壤为深厚、肥润、排水良好的壤质土。常与喜光的西伯利亚落叶松组成混交林，居于第二层。有时与西伯利亚云杉混交。在立地条件十分良好的个别地段则组成小面积纯林。在此较干旱的半阴坡褐质土上生长不良。西伯利亚冷杉根系发达，具有明显的主根，且分布较深，抗风能力较强。花期5月，球果10月成熟。

知识点

阿尔泰山

阿尔泰山脉位于中国新疆维吾尔自治区北部和蒙古西部。西北延伸至俄罗斯境内。呈西北—东南走向。长约2 000千米，海拔1 000~3 000米。中段在中国境内，长约500千米。森林、矿产资源丰富。"阿尔泰"在蒙语中意为"金山"，从汉朝就开始开采金矿，至清朝在山中淘金的人曾达5万多人。阿尔泰语系从阿尔泰山得名。

延伸阅读

冷杉

松科，冷杉属，系中国南岭山地新发现的冷杉树种，常绿乔木，高20~25米，胸径40~90厘米。树皮灰白色，片状开裂。叶片先端有凹缺，树脂道边生。球果直立，椭圆状圆柱形，成熟时暗绿褐色。仅分布于广西资源和湖南新宁、城步，散生于海拔1 500~1 850米处的针阔混交林内。现存多属老树，自我更新不良，有可能被阔叶树种更替。

●元宝山冷杉

常绿乔木，高达25米，树干通直，树皮暗红褐色，不规则块状开裂；小枝黄褐色或淡褐色，无毛；冬芽圆锥形，褐红色，具树脂。叶在小枝下面列呈二列，元宝山冷杉分布于中亚热带中山上部，生于以落叶阔叶树为主的针阔叶混交林中。适于生长在中亚热带山地，以落叶阔叶树为主的针阔叶混交林中。幼树耐荫蔽，成长后喜光，耐寒冷。生长较慢，一般每隔3~4年结果一次。5月开花，10月果熟。元宝山冷杉为珍稀濒危植物。它在广西的发现，为研究中国南方古代植物区系的发生和演变，以及古气候、古地理，特别是对第四纪冰期气候的探讨有学术价值。

元宝山冷杉是近来首次在广西境内发现的冷杉属植物之一，仅产融水县元宝山。为古老的残遗植物，现存百余株，多为百龄以上的林木。由于结实周期较长（3~4年），松鼠为害和林下箭竹密布，天然更新不良，林中很少见到幼树。极需采取保护措施，以利物种的繁衍。

元宝山冷杉

　　元宝山冷杉是广西特有的，列入《中国植物红皮书》的珍稀濒危植物，种群数量不足900株，在元宝山自然保护区设置5块样地，应用相邻格子法进行调查获取野外资料，对元宝山冷杉种群进行统计，编制种群的特定时间生命表，绘制大小结构图和存活曲线，并进行种群动态谱分析；应用理论分布模型和聚集强度指数进行处群分布格局分析，结果表明：元宝山冷杉种群幼苗个体比例大，大个体级死亡率较高，个体胸径超过21厘米后，生命期望陡降，谱分析表明，种群的动态过程存在周期性，由于种内和种间竞争的影响及林窗效应，种群结构有波动性变化过程，元宝山冷杉种群当前仍为稳定型种群，元宝山冷杉种群呈现聚集分布，在不同发育阶段的分布格局有差异；幼苗，幼树阶段为集群分布，中龄阶段向随机分布发展，大树呈均匀分布，种群在不同发育阶段的空间分布格局差异与其生物学和生态学特性密切相关，同时受群落内小环境的影响。元宝山冷杉濒危的主要原因有：分布范围小，天然更新能力差，幼苗死亡率高，受群落生境限制，动物活动的影响等。

　　元宝冷杉适于生长在中亚热带山地，以落叶阔叶树为主的针阔叶混交林中。土壤主要为由花岗岩发育成的酸性黄棕壤，pH值4.5～5。幼树耐荫蔽，成长后喜光，耐寒冷。生长较慢，一般每隔3～4年结果一次。5月开花，10月果熟。

延伸阅读

黄枝油杉

　　常绿乔木，高28米，为我国特有树种，分布区狭窄，小片生于广西、湖南和贵州等地海拔200～1100米石灰岩山坡中下部。是中亚热带树种，喜阳光充足，耐干旱。200年以上树龄仍可结果，天然更新良好，种子可随风飘扬，大树砍伐后可萌蘖。花期3-4月，果成熟期10～11月。为古老树种，有研究价值。树干通直，雄伟挺拔，枝叶浓密，根系发达。适于绿化观赏。

黄枝油杉

●旱地油杉 ————————————————————————————————

常绿乔木，高达20米，胸径90厘米。为我国特有树种。仅见于云南部分海拔800～1 100米处。喜光耐旱，适应干热河谷的特殊气候和土壤条件。5-6月开花，冬季球果成熟，翌年春季种子飞散。结实间隔3年左右，大树周围常有幼树出现，有一定的天然更新能力。是南亚热带干热河谷造林的优良树种。

旱地油杉是一种喜光耐旱树种，能适应干热河谷的特殊气候和土壤条件。分布区内全年无霜，年降水量约800毫米，10月至翌年6月为旱季，雨量稀少，天气干热，高温天气常达34℃左右。土壤为红褐土，近中性反应，干燥。旱地油杉目前均散生于草坡灌丛间，与其伴生者有余甘子、木棉、算盘子等，在其分布上限则有云南松出现。由于生境炎热干燥，其出叶、开花和果熟期显示然较同属其他种类为迟。5-6月抽梢开花，冬季球果成熟，翌年春季种子飞散。目前残存植物结实量普遍偏低，结实间隔期3年左右。在大树周围常有幼树出现，有一定的天然更新能力。

知识点

木　棉

　　木棉，属木棉科，落叶大乔木，原产印度。高10～20米。树干基部密生瘤刺，枝轮生，叶互生。每年2—3月先开花，后长叶。树形高大，雄壮魁梧，枝干舒展，花红如血，硕大如杯，盛开时叶片几乎落尽，远观好似一团团在枝头尽情燃烧、欢快跳跃的火苗，极有气势。因此，历来被人们视为英雄的象征。

延伸阅读

白皮云杉

　　产于四川西部康定及附近榆林宫、折多山及中谷等地海拔2 600～3 600米林中。常绿乔木，高达20米，胸径50厘米；树皮淡灰色或白色，裂成不规则长圆形厚块片脱落。1～3年生枝橘红色或淡黄褐色，有短毛或近无毛。微有白粉，老枝淡灰色；冬芽圆锥形，褐色，微有树脂，芽鳞宿存，先端反曲。叶钻形，多少弯曲，长1～2厘米，宽1.5～2毫米，先端急尖，横切面斜方形，每边有4～6条气孔线。球果长椭圆状圆柱形，下垂，长8～12厘米，直径3～4厘米，成熟前种鳞背面绿色，上部边缘紫红色，熟时褐色或淡紫褐色；种鳞倒卵形，长约2厘米，宽1.5厘米，先端圆或微呈三角状；苞鳞短小，披针形；种翅先端圆钝，连同种子长1.4～1.6厘米。花期5月，球果10月成熟。

●麦吊云杉 ——————————————————————

　　常绿大乔木，高达30米，胸径可达1米以上。为我国特有树种。分布于河南、湖北、陕西、四川、甘肃等地海拔2 300～3 000米的半阴坡。

　　树皮幼时灰褐色，光滑，老则变为暗灰色，深裂成长方状块片；大枝平展，小枝下垂，具突起的叶枕，1年生枝细，淡黄色或淡褐黄色，无毛或微有毛，基部具紧贴而宿存的芽鳞；冬芽卵圆形或卵状圆锥形。叶在小枝上面密集，重叠而

麦吊云杉

向前伸，在下面梳状排列，线形，扁平，长1～2.2厘米，宽1～1.5毫米，先端钝或尖，上面有3条白色气孔带，下面亮深绿色。

雌雄同株，雄球花单生叶腋，下垂；雌球花单生侧枝顶端，具多数螺旋状排列，腹面基部生有2枚胚珠的珠鳞，背面托以小的苞鳞。球果下垂，长圆状圆柱形或圆柱形，成熟前绿色，成熟时淡黄褐色，长6～12厘米，直径2.5～3.5厘米；种鳞宽倒卵形或斜方状倒卵形，长1.4～2.3厘米，宽1.1～1.3厘米，先端圆或钝三角形；种子具膜质翅，连同种翅长约8～16毫米。

麦吊云杉分布区的气候温凉湿润，雨量较多，常年多云雾，年平均温度8℃～14℃，年降水量1 300～5 500毫米，相对湿度85%。麦吊云杉属浅根性、阳性树种，稍耐荫蔽，在土层深厚、肥沃、排水良好的酸性黄壤、山地黄棕壤或山地棕色森林土和腐殖质丰富的半阳或半阴坡地带，生长良好。林内常混生少量铁杉、岷江冷杉、青扦、云杉、红桦、白桦、华椴等针阔叶树种。林下天然更新的实生苗生长好。花期2-5月，果期9-10月。

救救植物 JIUJIUZHIWU

知识点

降水量

降水量是衡量一个地区在某段时间内降水多少的数据。降水量就是指从天空降落到地面上的液态和固态（经融化后）降水，没有经过蒸发、渗透和流失而在水平面上积聚的深度。它的单位是毫米。用英文字母p表示。

延伸阅读

麦吊云杉栽培要点

圃地应选土层深厚、排水良好的土壤。种子在播种前应进行选种、消毒、浸泡催芽等处理。当春季气温到8℃以上时即可播种，苗期应搭荫棚，入冬前应设置暖棚，防止冻害。翌年开始萌动时，进行间苗、移植，一般培育4年即可出圃造林。建立种子园也很重要。

●喜马拉雅长叶松 ----------------------------

常绿乔木，高达30～45米，胸径40～100厘米；幼树树皮深灰色，老树树皮暗红褐色，较厚，深纵裂，粗糙，呈片状脱落；冬芽卵圆形，小枝褐色，无树脂；大枝轮生，斜展；小枝粗壮，1年生枝灰色或淡褐色。针叶3针一束，细长，下垂，长20～35厘米，宽约1.5毫米，边缘有细锯齿，背面光绿色，背面及腹面两侧均有气孔线；横切面呈扇状三角形，有2个中生树脂道；叶鞘长2～3厘米，宿存；鳞叶延下生长。

雄球花单生幼枝基部的苞片腋部，有多数螺旋状排列的雄蕊；雌球花近顶生，珠鳞先端反曲。球果下垂，翌年成熟，长卵圆形，长10～20厘米，直径6～9厘米，梗较粗短；种鳞木质，近长方形，鳞盾强隆起，具明显的横脊，鳞脐长三角状；种子长倒卵圆形，长8～12毫米，具结合而生的翅，种翅长约2.5厘米，中部宽约8毫米。

喜马拉雅长叶松属暖温干燥型的阳性树种，能适应暖温干燥的气候环境。所在地土壤为山地黄棕壤，呈酸性反应。常形成较大面积的单层纯林，也有少数与乔松和高山栎等树种混生。生长较快，46年生植株高21.1米，胸径39.5厘米，年平均高生长量为46厘米，直径生长量为0.86厘米。果期10～11月。

喜马拉雅长叶松

知识点

黄棕壤

发育于亚热带常绿阔叶与落叶阔叶混交林下的土壤。其主要特征是，剖面中有棕色或红棕色的土层，即含黏粒量较多的黏化层；土体内有铁锰结核。中国的土壤学文献曾称之为灰棕黏盘土，20世纪50年代后定为现名。对与之相类似的土壤，前苏联称为黄棕色森林土，日本定名为黄棕色土，联合国粮农组织和教科文组织命名为淋溶土。中国的分布于长江与秦岭—淮河之间的北亚热带地区，中、南亚热带和热带地区的山地垂直地带谱均有分布。

延伸阅读

喜马拉雅长叶松的保护价值

喜马拉雅长叶松在我国分布于该山的北界，其球果甚大，针叶特长，区系及松属分类、分布有一定的意义。木材有多种用途，树皮、枝、叶可提取胶、松节油和割取松脂，为有发展前途的经济、用材树种。在它的家乡西藏长叶松常被种植取木，它是巴基斯坦北部、印度和尼泊尔最重要的林业树木之一。它偶尔也被用来作为装饰树木，被种植在炎热干旱地区的公园和花园里。

●兴凯湖松

是生长在兴凯湖岸的常绿针叶树，只分布于黑龙江省东南部和俄罗斯交界的兴凯湖流域，其形态特征介于赤松和樟子松之间，对于研究松属的分类与分布有一定的科学价值。

常绿乔木，高15～20米，胸径30～50厘米；下部的树皮常呈灰黑色或黑褐色，纵裂，中上部呈红褐色或淡褐黄色，呈片状剥落；1年生枝淡褐色或黄褐色，具白粉；2～3年生枝灰褐色，呈薄片状剥落，内皮红褐色；冬芽长卵圆形，暗红褐色，微被树脂。针叶2针一束，较细，长4～10

兴凯湖松

厘米，宽1～1.3毫米，边缘具细锯齿，两面均有气孔线，树脂道6～9个边生；叶鞘灰色或褐色，宿存。雄球花黄褐色，雌球花紫色，1～3个近顶生，有短梗。球果下垂，卵圆形或卵锥状圆形，长3～6厘米，径2～4厘米，成熟时淡黄褐色或黄褐色，有时稍带紫色；种鳞卵状长圆形，长约2厘米，鳞盾斜方形或扁菱形，隆起或稍隆起，鳞脐褐色，平或稍突起，有短刺；种子近倒卵圆形，稍扁，长3～5毫米，淡褐色，种翅有关节，长13～15毫米。

兴凯湖松具有抗旱、抗风、抗寒和耐土壤瘠薄等特性，能耐-40℃低温。喜生于排水良好的湖岗沙地或山顶石砾质沙地，湖岗土壤pH值7，地下水位2～6米。生长比较快，10多年生的兴凯湖松，连年高生长量常为40～50厘米，20年生后结实较多，但有大小年之分。为阳性树种，在郁闭度0.3～0.4时天然更新良好，但在柞林内更新不佳。兴凯湖松常与蒙古栎、黄檗、黑桦等落叶阔叶树混生。花期5-6月，球果至翌年9-10月成熟。

🖊 知识点

兴凯湖

兴凯湖，为满语，原为中国内湖，1860年《中俄北京条约》签订后，变成了中俄界湖。在黑龙江省东南部，北部属中国，南部属俄罗斯。面积4 380平方千米。12月开始封冻，10～15天内湖面全部冻结。2月底到3月初冰层厚达0.9米。4月中、下旬解冻。环湖多沼泽，湖底多淤泥和腐殖质。湖水混浊，透明度仅60厘米。湖水从东北部龙王庙附近流出为松阿察河，注入乌苏里江。富产鱼类。是国家4A级度假、养生、旅游胜地，素有"东方夏威夷"之美称。罕见的原生态湿地环境已成为摄影人心中的理想国及影视剧外景拍摄基地。

📚 延伸阅读

兴凯湖松的保护价值

兴凯湖松是生长在著名的风景秀丽的兴凯湖岸的常绿针叶树。在我国只分布于黑龙江省东南部，其形态特征介于赤松和樟子松之间，对于研究松属的分类与分布有一定的科学价值。木材为建筑用材，也是营造固堤林的适宜树种。

● 毛枝五针松 ————————————————————

常绿乔木，高达20米，胸径达60～100厘米；树皮呈不规则块状开裂；1年生枝暗红褐色，密被褐色柔毛；冬芽无树脂。针叶5针一束，长2.5～6厘米，宽1～1.5毫米，先端急尖，边缘有细齿，腹面两侧各有5～7条气孔带，横切面三角形，有3个中生树脂道；叶鞘早落；鳞叶不延下生长，脱落。雄球花单生苞腋，簇生于幼枝基部，呈穗状，有多数螺旋状排列的雄蕊；雌球花近顶生，具多数螺旋状排列，具2胚环的珠鳞，背面托以小苞鳞。球果翌年成熟，淡黄褐色或褐色，下垂，长圆状圆柱形或卵状圆柱形，长4.5～9厘米，直径2～4.5厘米；果梗长1.5～2厘米；种鳞近倒卵形，长2～3厘米，宽1.5～2厘米，鳞盾扁菱形，边缘薄，微内曲，下部的鳞盾边缘微向外曲，鳞脐顶生，微凹；种子卵圆形，长8～10毫米，直径约6毫米，种翅膜质，长1.6厘米，宽7毫米。

毛枝五针松

分布区为南亚热带气候。年平均温度13℃～17℃，1月平均气温8℃～12℃。年降水量1 000～1 500毫米，干、湿季节明显，干季多浓雾，相对湿度80%～85%。土壤为石灰岩风化的赤红壤或红色石灰土，pH值4.5～5.5。常生于石灰岩山地常绿阔叶林中或石山岩坡和悬崖峭壁。3月开始抽梢发叶，4月开花，翌年10月球果成熟。

毛枝五针松现存植株极少，材质优良，可作滇东南石灰岩山地的造林树种。其枝细，松针短，是极好的盆景植物。

云南西畴小桥沟已建立自然保护区，应大力繁殖种苗，扩大栽培。同时对麻栗坡和西畴的毛枝五针松古树应加强保护。

用种子繁殖。秋季采收球果，晒干开裂，筛出种子，储存至第二年早春播种，饱满的种子在30～40天发芽出苗，要搭棚遮荫，注意苗期抚育管理，防止立枯病。

知识点

自然保护区

自然保护区是一个泛称，实际上，由于建立的目的、要求和本身所具备的条件不同，而有多种类型。按照保护的主要对象来划分，自然保护区可以分为生态系统类型保护区、生物物种保护区和自然遗迹保护区三类；按照保护区的性质来划分，自然保护区可以分为科研保护区、国家公园（即风景名胜区）、管理区和资源管理保护区四类。不管保护区的类型如何，其总体要求是以保护为主，在不影响保护的前提下，把科学研究、教育、生产和旅游等活动有机地结合起来，使它的生态、社会和经济效益都得到充分展示。

延伸阅读

长白松

又名美人松，常绿乔木，高达25～32米，胸径25～100厘米。零散分布于长白山北坡海拔700～1 600米地段。分布区气候温凉，湿度大，积雪时间长。阳性树种，根系深长，耐一定干旱。花期5-6月，球果翌年8月中旬成熟，结实间隔3～5年。对研究松属地理分布，种的变异与演化有一定意义，是针叶树中较好的造林树种，树态美观，适作城市绿化树。

长白松

● 黄　杉

短叶黄杉

常绿乔木，高6～10米。仅分布于广西和贵州海拔400～1 250米部分地区。分布区地跨北热带季雨林至中亚热带常绿阔叶林地带的南部，属半湿润至湿润的气候类型。为阳性树种，耐干旱，是钙质土特有种。一般散生于石灰岩山地的山顶或坡上。天然更新能力强，种子可随风飘扬。花期4月，球果10月成熟。有研究

价值，可作石灰岩山地的造林树种。

澜沧黄杉

常绿乔木，高达40米，胸径80厘米。仅分布于云南、西藏及四川毗邻的局部山地。散生在海拔2 400～3 000米的针阔叶混交林中。分布地区位于横断山脉中南部，气候夏凉多

澜沧黄杉

雨，冬春干冷。种子成熟后，因鼠害等原因，天然更新的幼苗很少。花期4月，球果10月成熟。为我国特有种，具有科研价值。

华东黄杉

常绿乔木，高达40米，胸径100厘米。零散分布于安徽、浙江、江西等中亚热带地区。分布区气候温凉湿润。幼树需要蔽荫，壮龄期对光照要求较高。深根性，侧根粗大，伸展力强，苗期生长慢，5年后转快。花期3月中旬，10月中旬球果成熟，可孕的种子极少。为我国特有种，有研究价值。

知识点

我国亚热带分布

我国的亚热带位于秦岭—淮河以南，雷州半岛以北，横断山脉以东（22°～34°N，98°E以东）的广大地区。涉及16个省市（包括台湾省），面积约2.4×10^6平方千米，约占全国国土面积的1/4，素有"七山一水二分田"或"八山一水一分田"之说，人口约占全国总人口的一半。我国亚热带属东岸湿润季风区，位置比西岸气候型偏南5～8个纬度，比大陆气候型偏北6～7个纬度。与世界同纬度比，除沙漠地区外，是最暖热的地区，雨量远比同纬度的充沛，生物资源丰富，四季长青，土壤肥沃，生物生产力高，农作物高产优质，是我国主要的农林产区。

延伸阅读

黄杉的保护价值

黄杉属植物间断分布于中国与北美，其材质优良，名材花旗松即为该属的北美种类。黄杉为我国特有，对研究植物区系和黄杉属分类、分布有学术意义，亦是树木育种中难得的种质资源，可作为分布区的造林树种。

●铁　杉

南方铁杉

常绿乔木，高达25～30米，胸径40～80厘米。分布于安徽、浙江、福建、江西、广东、广西、湖南、贵州和云南等地海拔600～2 100米山地针叶林及针阔混交林中。分布地区夏凉冬寒，雨多雾重，湿度大。为耐阴树种，幼树怕强烈日照。根系发达，抗风、抗雪压。生长慢，寿命长。花期4–5月，10月球果成熟。

南方铁杉

丽江铁杉

常绿乔木，高达20～30米，胸径达100厘米。零散分布于云南、四川等地海拔2 700～3 300米高山地带。分布地区年降水量1 500毫米以上，多云雾，湿度大，几无夏季，冬春有冰雪，气候冷湿。3月芽萌动，4–5月开花，10月果熟。

长苞铁杉

常绿乔木，高达30米，胸径达100厘米。星散分布于福建、江西、湖南、广东、广西和贵州等地局部地区，多生于海拔1 000～1 900米地带的林中向阳处。分布区气候温凉潮湿、雨量充沛、云雾大。为阳性树种，密林下更新困难，结实有间歇期，种子发芽率低，花期3–4月，球果10月成熟。

知识点

针叶林

针叶林是以针叶树为建群种所组成的各类森林的总称。包括常绿和落叶，耐寒、耐旱和喜温、喜湿等类型的针叶纯林和混交林。主要由云杉、冷杉、落叶松和松树等属一些耐寒树种组成。通常称为北方针叶林，也称泰加林。其中由落叶松组成的称为明亮针叶林，而以云杉、冷杉为建群树种的称为暗针叶林。

延伸阅读

铁杉的其他用途

经过加压防腐处理的铁杉木材既美观又结实，堪与天然耐用的红雪松相媲美。经过烘干后的铁杉，可以保持稳定的形态和尺寸，不会出现收缩、膨胀、翘曲或扭曲。大多数木材经过长期日晒后都会变黑，但铁杉可以在长年日晒后仍保持新锯开时的色泽。铁杉具有很强的握钉力和优异的黏合性能，可以接受各种表面涂料，而且非常耐磨，是适合户外各种用途的经济型木材，在北美市场上很流行。

●金花茶 ----------------------------

常绿灌木或小乔木，高2～6米，树皮灰白色，平滑。叶互生，宽披针形至长椭圆形。花单生叶腋或近顶生，花金黄色，开放时呈杯状、壶状或碗状，径3～3.5厘米；花瓣9～11枚，阔卵形至倒卵形或矩圆形，肉质，具蜡质光泽；花期11月至翌年3月。蒴果三角状扁球形，黄绿色或紫褐色；果期10～12月。

金花茶是一种古老的植物，极为罕见，分布极其狭窄，全世界90%的野生金花茶仅分布于我国广西防城港市十万大山的兰山支脉一带，生长于海拔700米以下，以海拔200～500米之间的范围较常见，垂直分布的下限为海拔20米左右。如金花茶在防城县大王江附近的滨海丘陵台地仍有分布。垂直分布的上限可达海拔890米，如宁明县那陶大山仍可见到个别小瓣金花茶，数量极少，是世界上稀有的珍贵植物。与银杉、桫椤、珙桐等珍贵"植物活化石"齐名，是我国八种国家一级保护植物之一，属《濒危野生动植物种国际贸易公约》附录Ⅱ中的植物种，国外称之为神奇的东方魔茶，被誉为"植物界大熊猫"、"茶族皇后"。

1960年，我国科学工作者首次在广西南宁一带发现了一种金黄色的山茶花，被命名为金花茶，金花茶的发现轰动了全球园艺界、新闻界，受了国内外园艺学家的高度重视。认为它是培育金黄色山茶花品种最优良的原始材料。

金花茶喜温暖湿润气候，喜欢排水良好的酸性土壤，苗期喜荫蔽，进入花期后，颇喜透射阳光。对土壤要求不严，微酸性至中性均土壤中可生长。耐瘠薄，也喜肥。耐涝力强。

金花茶

✏️ **知识点**

园 艺

园艺，即园地栽培，果树、蔬菜和观赏植物的栽培、繁育技术和生产经营方法。可相应地分为果树园艺、蔬菜园艺和观赏园艺。园艺一词，原指在围篱保护的园圃内进行的植物栽培。现代园艺虽早已打破了这种局限，但仍是比其他作物种植更为集约的栽培经营方式。园艺业是农业中种植业的组成部分。园艺生产对于丰富人类营养和美化、改造人类生存环境有重要意义。

📚 **延伸阅读**

金花茶的实际应用

金花茶花色金黄，多数种具蜡质光泽，晶莹可爱，花形有杯状、壶状、碗状和盘状等，形态多样，秀丽雅致，在山茶类群中，被誉为"茶族皇后"。亚热带地区可植于常绿阔叶树群下或植荫棚中，供以观赏。

● 长叶竹柏 ————————————————————————

长叶竹柏为渐危植物，是国家三级保护植物。长叶竹柏是中国热带和亚热带的珍稀树种，除个别地区分布较集中外，多为零星散生，由于长期砍伐而不保护、种植，现存资源甚少。

裸子植物除银杏外，罗汉松科中的长叶竹柏亦具有较宽的叶。宽披针形革质的叶，并列均匀的细脉，极具观赏价值。又加之此树干通直，木材结构细致，被列为上等木材，种子又可榨油。如此宝贵的树种深得园林家和老百姓

长叶竹柏

的喜爱。为了使本树的资源得到合理开发使用，被列为三级国家保护植物。

常绿乔木，高20～30米，胸径50～70厘米；树干通直，树皮褐色，平滑，薄片状脱落；小枝树生，灰褐色。叶交叉对生，质地厚，革质，宽披针形或椭圆状披针形，无中脉，有多数并列细脉，长8～18厘米，宽2.2～5厘米，先端渐尖，基部窄成扁平短柄，上面深绿色，有光泽，下面有多条气孔线。雌雄异株，雄球花状，常3～6穗簇生叶腋，有数枚苞片，上部苞腋着生1或2～3个胚珠，仅一枚发育成种子，苞片不变成肉质种托。种子核果状，圆球形，为肉质假种皮所包，径1.5～1.8厘米，梗长2.3～2.8厘米。

长叶竹柏分布于广东高要、龙门、增城，海南踞罗山、坝王岭、尖峰岭、黎母岭，广西合浦，云南蒙自、屏边等地。生于海拔800～900米的山地林中。

知识点

裸子植物

裸子植物是原始的种子植物，其发展历史悠久。最初的裸子植物出现在古生代，在中生代至新生代它们是遍布各大陆的主要植物。现代生存的裸子植物有不少种类出现于第三纪，后又经过冰川时期而保留下来，并繁衍至今的。裸子植物是地球上最早用种子进行有性繁殖的，在此之前出现的藻类和蕨类则都是以孢子进行有性生殖的。裸子植物的优越性主要表现在用种子繁殖上。

延伸阅读

标本珍藏

长叶竹柏，属罗汉松科植物，是中国热带和亚热带的珍稀树种，木材纹理直，结构细而均匀，材质较轻软，切面光滑，不开裂、不变形。主要分布在广东、广西、海南和云南，除个别地区分布较集中外，多为零星散生，由于长期砍伐而不保护、不种植，现存资源甚少。据《中国植物红皮书》记载，为中国渐危种。该标本于1989年采自海南陵水吊罗山，现收藏于天津自然博物馆。

●穗花杉————————————————————————————

穗花杉，常绿小乔木或灌木，高7～10米，树皮灰褐色或红褐色，成片状脱落；小枝对生或近对生，绿色或黄绿色；冬芽无树脂道，芽鳞交互对生，宿存于小枝基部。

叶对生，排成3列，具短柄，线状披针形，质地厚，革质，直或微曲，长3～11厘米，宽6～11毫米，先端尖或钝，基部宽楔形，边缘微反卷，上面深绿色，中脉隆起，下面有3条与绿色边带等宽或近等宽的粉白色气孔带。

雌雄异株，雄球花交互对生，排成穗状，通常2～4（稀1或5～6）穗生于小枝顶端，长5～6.5厘米，每雄蕊具2～5（多为3）花药；雌球花生于当年生枝的叶腋或苞腋，梗较长，有6～10对交互对生的苞片，胚珠单生。

种子翌年成熟，下垂，椭圆形，被囊状假种皮所包，长2～2.5厘米，直径1～1.3厘米，先端具短尖，成熟时假种皮鲜红色，基部具宿存的苞片；种梗长1～1.4厘米，扁四棱形。花期4月中旬至5月上旬，雌球花授粉而不及时受精，2～3月后花粉管萌发，胚珠逐渐变成种子，翌年5-6月种子成熟。

穗花杉生于海拔500～1 400米地带的林中。但在，穗花杉只出现在垂直带谱上；在北缘也很星散局限于较暖的地区。而分布点较集中的地方为中亚热带和南亚热带的山地。气候温凉潮湿、雨量充沛，年平均温度12℃～19℃，年降水量为1 300～2 000毫米，穗花杉多分布在雾线以上，年相对湿度在85%以上；光照较弱，多散射光，立地的土壤为花岗岩、流纹岩、砂页岩发育而成的黄壤、黄棕壤，pH值4.5～5.5，富含腐殖质。穗花杉生于林下，为阴性树种，在群落中个体稀少，属偶见性树种。常见的上层树种多青冈。

🖊️知识点

授　粉

授粉是被子植物结成果实必经的过程。花朵中通常都有一些黄色的粉，这叫做花粉。这些花粉需要被传给同类植物某些花朵。花粉的传递过程叫做授粉。

延伸阅读

鸡毛松

常绿乔木，高达35米，胸径达200厘米。主要分布于海南、广西及云南等地海拔400～1100米地带的山谷与溪涧，在海南组成以它为标志的山地雨林。林下天然更新好。3-4月开花，10～11月种子成熟。

●白豆杉————————————————————————

常绿灌木或小乔木，高达4米；枝条轮生，小枝近对生或近轮生，基部扭转呈2列，线形，直或微弯，长1.5～2.6厘米，宽2.4～4.5毫米，先端骤尖，基部近圆形，下延生长，具短柄，两面中脉隆起，上面光绿色，下面有2条白色气孔带，横切面上无树脂道。雌雄异株，球花单生叶腋；雄球花近球形，基部有4对交互对生的苞片，雄蕊6～12，对生，基部有苞片，花药4～6，辐射排列，花丝短；雌球花有4列交互对生的苞片，每列3～4枚，顶端1枚苞腋有1直立胚珠，着

白豆杉

生于盘状珠被上。种子坚果状，卵圆形，稍扁，长5～7毫米。着生于肉质、白色、杯状的假种皮中，基部有宿存苞片，具短梗或几无梗。

白豆杉生于亚热带中山地区的林下，气候温凉湿润，云雾重，光照弱，年平均温度12℃～15℃，年降水量1 800～2 000毫米，平均相对湿度80%以上。土壤属山地黄壤，强酸性，pH值4.2～4.5，有机质含量5.4%～18.4%，肥力较高。群落外貌多为常绿落叶阔叶混交林，在分布区北缘的浙江遂昌九龙山，乔木层主要由木荷、秀丽槭与猴头杜鹃等组成，本种居于下层；在南缘的广西大明山海拔1 300米处，则分布以银木荷、甜槠为建群种的常绿阔叶林。白豆杉为阴性树种，一般喜生长在郁闭度高的林荫下，在干热和强光照下生长萎缩，干形弯曲。根系发达，岩缝内也可扎根，但成丛生灌木。幼年生长缓慢，雌株结实常不稳定，受孕率又低，种子失眠期，需隔年发芽。冬芽于3月中旬膨大，4月上旬展叶；花于3月下旬至4月上旬开放，种子于9月下旬至10月上旬成熟。

知识点

秀丽槭

秀丽槭，槭树科、槭树属，落叶乔木，高达20米，叶掌状5裂，裂片较宽，先端尾状锐尖，裂片不再分为3裂，叶基部常心形，最下部2裂片不向下开展，但有时可再裂出2小裂片而成7裂。果翅较长，为果核之1.5～2倍。

延伸阅读

长叶榧树

常绿小乔木或常为多分枝灌木。分布于浙江、福建等地局部地区。气候为夏热冬冷，全年基本湿润。通常生长在陡峭阴坡或溪流两旁的常绿阔叶林或次生灌丛中。顶芽一般长到一定时候便停止生长，常从基部萌生数枝，故成年树多呈丛生，根系浅，要有肥厚的皮层，贮水能力强，可耐暂时干旱。花期3-4月，种子次年10月成熟。

● 喜马拉雅红豆杉 ————————————————————

常绿小乔木或灌木。在我国仅见于西藏吉隆海拔2 800～3 100米地段的林中。阿富汗至尼泊尔也有分布。

2008年10月，云南省昭通市大关县林业部门在发现大关红豆杉之后，相继又发现了国家重点保护的一级野生植物——喜马拉雅山红豆杉。在大关被发现的喜马拉雅山红豆杉分布区是一个崇山峻岭，四面高山呈放射开放性的山系。

喜马拉雅红豆杉是常绿小乔木和灌木，具开展或向上伸展的枝条；

喜马拉雅红豆杉

树皮淡红褐色，裂成薄片脱落；小枝不规则互生，淡绿色，后变淡褐色或红褐色；冬芽卵圆形，芽鳞覆瓦状，基部的芽鳞通常三角状卵形，先端急，脱落或少数宿丰于小枝基部。叶螺旋状着生，不规则2列，线形。通常直，长1.5～3.5厘米，宽约2.5毫米，先端有突起的锐尖头，上面光绿色，中脉隆起，下面2条较绿色。雌雄异株，球花单生叶腋；雄球花圆球形，具多数螺状排列的雄蕊；雌球花几无梗，上端生了1具有盘状珠托的胚珠，基部围有数枚覆瓦状排列的苞片。种子当年成熟，坚果状，柱状长圆生于肉质、红色、杯状假种，长约6.5毫米，直径4.5～5毫米，微扁，种椭圆形。

喜马拉雅红豆杉分布区的气候特点是夏温冬凉，四季分明，冬季有雪覆盖。年平均温10℃，最高温16℃～18℃，最低温0℃，年降水量800～1 000毫米，年平均相对湿度50%～60%。能耐寒，并有较强的耐阴性，多生于河谷和较湿润地段的林中。

✎知识点

雄 蕊

　　雄蕊是种子植物产生花粉的器官。由花丝和花药两部分组成。位于花被的内方或上方，在花托上呈轮状或螺旋状排列。数目因植物种类而异，通常，原始的种类数目多而不一定，较高等的种类数目趋于减少并达到一定的数目。一朵花中全部雄蕊总称雄蕊群。

📚延伸阅读

喜马拉雅红豆杉的医药用途

　　喜马拉雅红豆杉的叶、枝及茎皮可入药，均含有二萜类化合物，即紫杉宁、紫杉宁A、紫杉宁H、紫杉宁K、紫杉宁L等，另含有坡那甾酮A、蜕皮甾酮、金松双黄酮。嫩枝所含的紫杉碱对动物小鼠的腹水癌细胞，有轻度抑制作用。茎皮含有抗白血病和抗肿瘤作用的紫杉酚。心材含紫杉素。此外，红豆杉叶（10克）水煎服，可治糖尿病、肾炎、浮肿及小便不利等症。

●德昌杉木 ————————————————————

　　常绿乔木，高达50米，胸径可达3米，具轮生或不规则轮生的枝，枝端下垂；树皮暗灰色，深纵裂，片状剥落。叶螺旋状排列，辐射伸展，在侧枝上列成2列，线状披针形，质地较坚硬，维管束下方有1个树脂道，偶有1～2个边生树脂道，长0.8～3厘米，宽2～3.8毫米，先端渐尖，基部宽而下延，边缘有细锯齿，上面深绿色，有光泽，具之条窄气孔带，下面有两条宽白色气孔带。雌雄同株；雄球花约40簇生枝顶，圆柱状长圆形；雌球花单个顶生，近球形；苞鳞大，与珠鳞结合而生；珠鳞先端3裂，腹面具有3胚珠。球果近球形或卵圆形，长2.5～3.2厘米，直径2.5～3厘米，成熟前灰绿色，成熟时淡黄褐色；苞鳞革质，扁平，宽三角状卵形，先端尖，边缘有不规则细齿，被白粉，种子脱落后宿存；种鳞小，种子卵圆形、扁，长5～6毫米，暗褐色，两侧具膜质翅。

德昌杉木分布区位于四川低纬度地区，河谷南北向，北有小相岭、菩萨岗为屏障，南有干燥气流长驱直入。因而气候暖和，冬春干旱，夏秋受季风影响湿度较大，降雨量多，形成明显的干湿交替气候。年平均温度13℃～18℃，最冷月平均温度约10℃，最热月平均温度22℃左右；年降水量1 000～1 400毫米，多集中在6-10月，占全年90%以上，年蒸发量2 000毫米以上，全年无霜期达240～300天。土壤为山地红棕壤或红壤，pH值5～5.5。德昌杉木喜生于阴坡或半阴坡，但也能在半阳坡或阳坡与云南松伴生，表现出对周期性干旱的适应性。德昌杉木生长快，林木4龄左右进入速生期，20龄前年平均高生长1米左右，以后较缓慢，50龄前年平均直径生长1厘米左右，最大年生长量达3.5厘米，百龄大树仍生机旺盛。生理发育成熟期较迟，树龄20年前少有结实，结实大小年明显。芽2月下旬萌动，生长旺期6-9月，11月停止生长；花期2月中、下旬，球果11月中旬成熟。

知识点

季 风

由于大陆和海洋在一年之中增热和冷却程度不同，在大陆和海洋之间大范围的、风向随季节有规律改变的风，称为季风。形成季风最根本的原因，是由于地球表面性质不同，热力反映有所差异引起的。由海陆分布、大气环流、大地形等因素造成的，以一年为周期的大范围的冬夏季节盛行风向相反的现象。

延伸阅读

云南榧树

常绿乔木，高15～20米，胸径达1米。分布于云南西北部地区，散生在海拔2 000～3 400米谷地或山坡针叶林、针阔混交林中。气候夏凉冬冷，干、湿季分明，雨量充沛，多云雾，湿度大。为深根性树种，耐阴湿。雌雄异株，传粉不易，结实率低，有大小年之分，常2～3年结实一次，常有鼠害，故更新不良。花期5月，种子翌年9-10月成熟。

●蕉　木 --

　　蕉木为蕉木属，番荔枝科，约4种，分布于马来西亚、印度尼西亚，中国仅有蕉木1种，产广东（海南岛）和广西。常绿乔木，高达15米，胸径50厘米。仅分布于海南和广西部分地区。常散生在低于海拔的沟谷两侧。生长地属山地热带雨林。喜阴湿，花期4-12月，果实冬春两熟。中国独此一种，对研究热带植物有重要意义。

　　蕉木为常绿乔木，高达16米，胸径达50厘米；小枝具不规则纵条纹，初被锈色柔毛。叶薄纸质，长圆形或长圆状披针形，长6～10厘米，宽2～3.5厘米，先端短渐尖，基部圆形，除叶柄及中脉外无毛，

　　中脉在上面凹陷，侧脉6～10对，斜上升，未达叶缘网结；叶柄长4～5毫米。花1～2朵腋生或腋外生，黄绿色，直径约1.5厘米，花梗6～7毫米，被锈色柔毛，基部有卵圆形、长2～4毫米的小苞片；萼片3，卵圆状三角形，长宽各4～5毫米，被锈色柔毛；花瓣6，2轮，镊合状排列，外轮花瓣长卵圆形，长14～17毫米，宽10～11毫米，两面被锈色柔毛，内轮花瓣略厚而短，长约14毫

蕉木

米，外被锈色柔毛，内有多数乳头状凸起；雄蕊多数，长2毫米，药隔顶端近平截。心皮约10枚，长圆形，密被长柔毛，柱头棍棒状，直立，基部缢缩，顶端全缘，被疏短柔毛，胚珠10，2排。果坚硬不裂，圆筒状或倒卵圆形，长2～5厘米，直径2～2.5厘米，被锈色柔毛，果皮具突起纵脊，种子之间有缢纹，子房柄长约1厘米；种子黄棕色，斜四方形，长16毫米。

蕉木主要生长于山地雨林中，为乔木中下层的偶见成分，喜欢荫湿的小生境，生于山坡下部、沟谷、溪旁，阳光充足之处极为少见。分布区年平均气温23℃～25℃，年降水量1 600～1 800毫米。

土壤为砖红壤，pH值4.5～5.5。常与白格、野生荔枝、滨木患、椰色木等混生。花期4–12月，果实冬（12月）、春（3月）两季成熟。

知识点

小生境

小生境是来自于生物学的一个概念，是指特定环境下的一种生存环境。生物在其进化过程中，一般总是与自己相同的物种生活在一起，共同繁衍后代；它们也都是在某一特定的地理区域中生存，例如，热带鱼不能在较冷的地带生存，而北极熊也不能在热带生存。把这种思想提炼出来，运用到优化上来的关键操作是：当两个个体的海明距离小于预先指定的某个值l（称之为小生境距离）时，惩罚其中适应值较小的个体。

延伸阅读

蕉木的保护价值与保护措施

蕉木属在中国仅此一种，对研究中国热带植物区系有重要的学术意义。分布区内已建立了一些自然保护区，如海南尖峰岭和坝王岭，应注意加强管理。海南崖县过岭附近低丘沟谷林中有一株大树，应指定当地有关部门加以保护。有关植物园、树木园应进行引种栽培试验，确实保护好这一重要种质资源。

●囊瓣木 ——————————————————————

常绿乔木，高达25米，胸径50厘米；树干挺直，树皮浅黄褐色，平滑或浅纵裂，薄片状脱落；小枝纤细，黄褐色，嫩时密被柔毛。叶互生，纸质，椭圆形或长椭圆形，长4～13厘米，宽2～4厘米，先端急尖或渐尖，基部圆形，稍偏斜，全缘，上面被疏柔毛，中脉上毛较密，下面密被柔毛，侧脉10～14对；叶柄长2毫米，密被柔毛。花暗红色，单生或2～3朵簇生叶腋，长约2.5厘米，直径1.5厘米，花梗长1.5～3厘米，各部均被柔毛；萼片3，宽三角形，长3毫米；花瓣6，2轮，镊合状排列，外轮花瓣披针形，长7毫米，内轮花瓣卵状披针形，长2～2.6厘米，有1条明显的中脉，基部囊状，具短爪，外面暗红色、内面中央紫红色，两侧微黄褐色；雄蕊多数，药室毗连，药隔顶端具小尖头；心皮多数，弯月形，每心皮有胚珠8，2排。果15～30，球形或近球形，直径1～2厘米，被微柔毛，成熟时暗红色，内有种子2～8，子房柄长1～1.5厘米，被柔毛；种子肾形，长约1.1厘米，直径5毫米。

囊瓣木为半常绿季雨林及雨林成分。分布区年平均温度23℃～28℃，1月平均温度12℃～21℃，极端最低温度2℃～8℃，终年无霜，年降水量1 000～2 000毫米，多集中在5-10月。土壤为赤砖红壤，pH值5～5.5。喜潮湿、荫蔽的生境，多生于静风的缓坡与山谷，在林中石隙间也可长成材；在深厚、疏松、腐殖质多而排水良好的土壤上生长良好，但在干旱贫瘠空旷的地段则无分布。为耐阴树种，

囊瓣木

天然更新能力强。常见的伴生树种为银钩花、细基丸、海南暗罗、窄叶翅子树、蝴蝶树等。花期通常4月，间可持续到6月下旬；果8-9月成熟。

囊瓣木为该属植物分布于我国的唯一代表种，仅产海南，对研究热带植物区系有一定的价值。树干高大，出材率高，木材纹理通直，结构致密，质硬不裂，可作建筑、家具、农具等用材。

目前尚无任何保护措施。建议将分布集中之地划为保护点，在开发天然林区时，必须注意适当保留母树，为采种育苗、繁殖试验提供需要的种源。广东省林业科学研究所树木园内已引种栽培。

该树种结实能力较强，种子容易采收，天然下种繁殖力强，亦可采用播种育苗，但种子寿命短，采收后应立即播种。

知识点

胚　珠

胚珠也是种子植物的大孢子囊，为受精后发育成种子的结构。被子植物的胚珠包被在子房内，以珠柄着生于子房内壁的胎座上。裸子植物的胚珠裸露地着生在大孢子叶上。一般呈卵形。其数目因植物种类而异。

延伸阅读

林生芒果

常绿乔木，高达25米。为云南南部新发现树种，零星散生于海拔400～1 900米常绿阔叶林内。结果虽多，但果皮厚而硬，不易发芽，天然繁殖困难。分布区气候为热带季雨，旱季多雾、林内潮湿。9-10月开花，翌年3-4月果实成熟。

●多室八角金盘

常绿小乔木或灌木，是台湾特有珍贵植物，星散分布于台湾中央山脉海拔1 800～2 800米地带。分布区气候温凉湿润、云雾多，湿度大。耐阴喜湿。

树高可达5米。茎光滑无刺。叶柄长10～30厘米；叶片大，革质，近圆形，直径12～30厘米，掌状7～9深裂，裂片长椭圆状卵形，先端短渐尖，基部心形，边缘有疏离粗锯齿，上表面暗亮绿以，下面色较浅，有粒状突起，边缘有时呈金黄色；侧脉在两面隆起，网脉在下面稍显著。圆锥花序顶生，长20～40厘米；伞形花序直径3～5厘米，花序轴被褐色绒毛；花萼近全缘，无毛；花瓣5，卵状三角形，长2.5～3毫米，黄白色，无毛；雄蕊5，花丝与花瓣等长；子房下位，5室，每室有1胚珠；花柱5，分离；花盘凸起半圆形。果产近球形，直径5毫米，熟时黑色。花期10～11月，果熟期翌年4月。

多室八角金盘分布区的气候温凉湿润，年平均温度10.7℃，最高月平均温度13.8℃，最低月平均温度5.8℃，年降水量为4 246毫米，云雾多，湿度大。土壤为发育良好的棕壤或灰棕壤，表层疏松，含较多的腐殖质，pH值5.8～6.0。多室八角金盘为耐阴的灌木或小乔木，通常生于阔叶林林下荫湿地，根系为小中径的

多室八角金盘

斜出根，深度可达60厘米，细根较多，主根多与地表面平走。在通气良好的肥沃土壤生长良好。

 知识点

灌　木

灌木是指那些没有明显的主干、呈丛生状态的树木，一般可分为观花、观果、观枝干等几类，矮小而丛生的木本植物。常见灌木有玫瑰、杜鹃、牡丹、小檗、黄杨、沙地柏、铺地柏、连翘、迎春、月季、荆、茉莉、沙柳等。

延伸阅读

同属植物

八角金盘，别名八手、手树，科名：五加科。属名八角金盘属八角金盘，顾名思义，乃指其掌状的叶片，裂叶约8片，看似有8个角而名。它叶丛四季油光青翠，叶片像一只只绿色的手掌。其性耐阴，在园林中常种植于假山边上或大树旁边，还能作为观叶植物用于室内、厅堂及会场陈设。

八角金盘花期一般在夏秋之间，有些还能延续到秋末冬初，花白色呈圆锥状聚伞花序顶生，此起彼落甚为美观，花后结黑色浆果，内含种子。八角金盘是强阴性植物，四季青翠，可常年放置室内观赏。